鱼病防治关键技术及实用图谱

李继勋　编著

中国农业大学出版社
·北京·

内容简介

本书对生产中多发、危害较大的常见鱼病加以叙述,涉及病毒性疾病、细菌性疾病、寄生虫性疾病及其他方面的鱼病共计 67 种。各类鱼病包括病原、诊断症状、流行情况及防治方法,并有鱼病检测与诊断、鱼病的基本预防方法、渔药的正确使用等内容组成完整的运作知识,便于在实践中应用。

本书以实用性为主,力求通俗易懂,重点深入浅出地讲解鱼病防治的有关常识,图文并茂。本书不仅可供广大养殖户使用,也可作为水产院校、研究单位、水产技术推广部门及检疫单位专业人员的参考用书。

图书在版编目(CIP)数据

鱼病防治关键技术及实用图谱/李继勋编著. 一北京:中国农业大学出版社,2014.10
(2020.7 重印)
ISBN 978-7-5655-0988-9

Ⅰ.①鱼… Ⅱ.①李… Ⅲ.①鱼病-防治-图谱 Ⅳ.①S943-64

中国版本图书馆 CIP 数据核字(2014)第 121952 号

书　　名	鱼病防治关键技术及实用图谱	
作　　者	李继勋　编著	
策划编辑	张苏明　童云	**责任编辑**　童云
封面设计	郑川	**责任校对**　王晓凤　陈莹
出版发行	中国农业大学出版社	
社　　址	北京市海淀区圆明园西路 2 号	**邮政编码**　100193
电　　话	发行部 010-62818525,8625	**读者服务部** 010-62732336
	编辑部 010-62732617,2618	**出　版　部** 010-62733440
网　　址	http://www.cau.edu.cn/caup	**E-mail** cbsszs@cau.edu.cn
经　　销	新华书店	
印　　刷	涿州市星河印刷有限公司	
版　　次	2014 年 10 月第 1 版　　2020 年 7 月第 2 次印刷	
规　　格	787×1 092　　16 开本　　9.75 印张　　240 千字	
定　　价	51.00 元	

图书如有质量问题本社发行部负责调换

前　言

随着生活水平的不断提高，人们对水产品的质量安全要求越来越高，科学养鱼和健康养鱼成为迫切的需要，掌握防治鱼病的知识和技术，控制鱼病的发生和流行，已成为广大渔民的迫切愿望。

本书对生产中多发、危害较大的常见鱼病进行了介绍，涉及病毒性疾病、细菌性疾病、寄生虫性疾病及其他方面的鱼病共计67种。内容包括病原、诊断症状、流行情况及防治方法，并介绍了鱼病检测与诊断方法、鱼病的基本预防方法、渔药的正确使用等。

为了方便广大养殖户在生产实践中更好地使用，成为养殖户看得懂、学得会的鱼病防治读物，本书以实用性为主，力求通俗易懂，避免叙述深奥的生物学和鱼病病理知识，深入浅出地重点讲解鱼病防治的有关常识，力求做到图文并茂，选配了许多脉络清晰、高度概括的表格，140多幅高清彩色图片，另附养殖安全用药国家标准。

本书不仅可供广大养殖户使用，也可作为水产院校、研究单位、水产技术推广部门及检疫单位专业人员的参考用书。

由于本人水平和时间所限，书中难免存在疏漏不足之处，敬请广大读者批评指正。

作　者
2014年5月

目 录
CONTENTS

第一章 环境与鱼病

第一节 水质问题引发鱼病

一、水温

鱼是变温性动物，新陈代谢受水温影响很大。水温的急剧变化会对鱼类的各项生理功能造成伤害。

一般鲤鱼等常见的温水性鱼类，适宜的生长温度为20~28℃，当水温降到15℃以下时，鱼的食欲明显减弱。水温低特别有利于水霉病、白点病的发生，水温过高则会造成缺氧，甚至使生长速度受到抑制。

鲑鳟鱼等冷水性鱼类，一般适宜的养殖水温为7~18℃，水温过低或过高时，摄食会停止，鱼体会出现衰竭现象甚至死亡。

热带或亚热带的热水性鱼类，如原产于尼罗河流域的罗非鱼、中美洲的淡水石斑鱼等，具有不耐低温的特性。罗非鱼最适水温为24~32℃，淡水石斑鱼适温范围在25~30℃，当水温下降至20℃时，摄食明显减少。养殖或保存热水性鱼类，在我国大部分地区需要用温泉水、地热水、工厂余热水或其他提高水温的方法保种越冬。

二、溶氧量

一般的温水性鱼类，当水体中溶解氧（DO）低于2 mg/L时，就会引起不同程度的生理缺氧，实际养殖中，为了预防环境波动出现问题，一般要保持水体溶氧高于4 mg/L。对于养殖各类苗种、冷水性鱼、热水性鱼和观赏鱼等特殊鱼类，水体溶氧要求一般更高，养殖需要按照具体要求进行。常见温水性鱼类水体溶氧要求如表1-1所示。

造成水体缺氧的原因有多种，主要是鱼类养殖密度大，超过水体允许生物负载量。水温升高或水体中有机物等耗氧因子过多、底质老化、水体陈旧等都可能造成缺氧。

投喂超量时造成食物残留，这些物质以悬浮状态或溶解状态存在于水中，在微生物作用下分解，此过程中消耗氧气，并造成微生物繁殖。耗氧量一般用生化需氧量（BOD）、化学需氧量（COD）等指标说明。在缺氧时鱼体极易感染烂鳃病等疾病。

三、酸碱度

过酸性水体使鱼的血液酸性增强，降低输氧能力，而且某些化学物质会转变成

表 1-1 常见温水性鱼类水体溶氧要求   mg/L

品种	开始浮头	窒息死亡点
鲢鱼	1.75	0.6
鳙鱼	1.55	0.4
草鱼	1.6	0.4
鲤鱼	1.5	0.3
鳜鱼	1.5	0.8
大口鲶	1.4	0.7
罗非鱼	1.5	0.2
鲫鱼	1.0	0.2
团头鲂	1.7	0.6
鲮鱼	1.6	0.5

对鱼生长和繁殖不利的有毒物质，容易引发鱼病，特别容易感染各种细菌病。过碱性水体中，离子氨转变为分子氨，毒性增大，腐蚀鱼的鳃组织，引发鳃组织大量分泌黏液或鳃丝出血，过碱性水体还会影响微生物的活性，妨碍其对有机物的降解。

一般养殖鱼类，水体 pH 小于 6.5 或大于 8.5 时，生长会受到抑制，同时水体自净能力减弱。

酸、碱对水体的污染还会提高水的硬度，直接影响鱼类的生理机能。

四、氨和亚硝酸盐

鱼类代谢物和残饵等有机物腐败，会使水中氨和亚硝酸盐浓度逐渐升高，氨和亚硝酸盐能破坏鱼类血液中红细胞功能，造成生理损伤和中毒，使呼吸困难，食量降低，鳃组织出现病变。

一般氨不可超过 0.1 mg/L，亚硝酸盐不可超过 0.05 mg/L。氨态氮高时极易发生暴发性出血病。

五、硬度

硬度表示水中钙、镁等重金属离子含量的多少。每升水中含钙、镁离子的总量相当于 10 mg 的氧化钙称为 1 度，表示为 1DH，DH 值 6.5 的水为中等硬度。一般情况下，大部分的淡水鱼可以通过本身渗透压调节系统来维持血液中钙离子的平衡，以适应水质的软硬度。

但是，南美亚马孙流域的鱼类比较喜欢软水，比如各种短鲷和灯鱼等，而非洲的坦噶尼喀湖、马拉维湖、维多利亚湖的慈鲷类则比较喜欢稍硬一点的水质，所以在实际养殖中，不能把适合软水生活的鱼与适合硬水的鱼混养。

六、盐度

盐度直接影响着鱼体渗透压的变化。高盐度对淡水鱼影响较大，对鱼鳃的表皮组织有一定破坏性，鱼体内外的气体交换受到影响，饲料的消化吸收率降低。当用盐水进行浸浴消毒防治鱼病时，要严格掌握时间，以减少对鱼的刺激。

七、光照和透明度

光照对鱼的生活和水生植物的光合作用都很重要。浮游植物通过体内的叶绿素吸收光能，将二氧化碳、水以及氮、磷等无机物合成有机物，浮游植物、浮游动物和底栖动物又都是养殖鱼类的天然食料。过强的光照也会使得水体滋生大量水藻。

透明度表示光透入水中的程度，主要取决于水中浮游生物和有机碎屑的多少，可以大致衡量水体的肥瘦程度。一般养殖水体透明度在 25~40 cm 为宜。

八、硫化氢

硫化氢（H_2S）是一种可溶性的毒性气体，是含硫的有机物经厌氧细菌分解而产生的，通过鱼鳃表面和黏膜可很快被吸收。硫化氢可与呼吸链末端的细胞色素氧化酶中的铁相结合，使血红素量减少，降低血液载氧功能，甚至会严重破坏鱼的中枢神经。养殖水体中 H_2S 的浓度应控制在 0.03 mg/L 以下。

水体的 pH 值越低，硫化氢的毒性越大。

九、微生物和杂质

水体中有一定含量的氮与磷，当水中含有糖、蛋白质、氨基酸、酯类、纤维素等物质，能在微生物作用下分解为简单的无机物，在分解过程中消耗氧气，使水体中的溶解氧减少，助长病菌的滋生，同时增生更复杂的微生物，特别是纤毛虫类微生物，造成鱼类缺氧甚至水质富营养化而败坏。

水色呈灰蓝色或较浓的黄绿色，表示水中鱼类不易消化的浮游植物过多；水体呈褐色，表示水中腐殖质较多。淡绿色、翠绿色水体中富含绿藻门中的小球藻等藻类，是水产养殖中所要求的"肥而爽"水质。

第二节 病原生物引发鱼病

一、水源污染与鱼病

各种污染源会使水体溶解氧降低、水质恶化。污染中的氮磷类化合物、有机氯化合物、芳香胺类化合物、有机重金属化合物以及多环有机物等，能在水中长期稳定地存留，一旦进入食物链，最后会富集进入生物体，一部分化合物具有致癌、致畸和致突变的作用，对水产品健康养殖构成了极大的威胁。这些污染物也会使水体呈现出富营养化现象，蓝藻滋生，甚至出现水华。

污染水源各类细菌的增加往往会加快残余饵料的腐败分解，有可能增生大量的病原微生物，特别是纤毛虫类。

污染水源常含有病原体，进入养殖水体会传播病毒性疾病、细菌性疾病和寄生虫病，比较常见的有草鱼出血病、鱼肠炎病等。

二、致病微生物与鱼病

致病微生物主要包括病毒、细菌、真菌和单细胞藻类等。在适宜条件下，这些微生物会侵入鱼体，大量繁殖、生长，导致疾病的暴发。例如，嗜水气单胞菌、革兰氏阴性短杆菌会引起鱼类的细菌性肠炎病、打印病、烂尾病等。

一般情况，鱼体的免疫系统可以有效地保护机体免受病原微生物的侵袭。在鱼体受伤或鱼体长期处于应激状态，造成免疫功能下降时，病原微生物可以轻易侵入体内，导致鱼体发生疾病。水霉病和由嗜水气单胞菌引起的打印病的发生就是这样的。

三、寄生虫等与鱼病

寄生虫类包括吸虫类、绦虫、线虫、棘头虫等，有 300 余种，危害较大的有 20 余种，例如小瓜虫、车轮虫等常见种类，引发相应的鱼病。

其他致病生物还有蛭类、钩介幼虫、致病甲壳动物等，其中每一类病原生物可能有很多种类。

病原生物的数量在很大程度上受环境的影响，特别是水温、水质的变化对其影响很大，致使有些鱼病流行季节性比较明显。例如，越冬后易暴发赤皮病，春季和越冬后期经常发生竖鳞病，夏、秋季经常发现打印病、烂尾病。

第三节　管理不当引发鱼病

苗种、饲料和渔药三大投入品与养殖水产品的质量安全关系最为密切，养殖生产过程要控制劣质投入品，每个生产环节使用什么、什么时间使用，产品的产地等都要有记录，都可追溯，一旦出现差错或意外，可以补救或纠正。

一、苗种不健壮

优良健壮的苗种（表 1-2）是增产增效的基础和物质保证。没有优良的品种和健壮的苗种，就没有高效的水产养殖生产。

表 1-2　苗种因素

品种	体质	营养
杂交的品种较纯种抗病力强	各种器官机能良好,对疾病的免疫力、抵抗力都很强,鱼病的发生率较低	营养平衡时,体质健壮,较少得病,反之鱼的体质较差,免疫力降低,对各种病原体的抵御能力下降,极易感染而发病

近交繁殖的苗种：近交系会引起种质退化，子代生长速度慢，抗逆性差，易受病害侵袭。近亲繁殖苗种抗病力比杂交良种低 50%~80%，死亡率高 30%~60%，生长速度低 40%~100%，且饲料系数高，回报率低。

尾苗：尾苗是繁殖季节后期产的卵孵化培育的苗种。这类苗种先天不足，体质弱，适应能力差，不但生长速度慢，而且死亡率也高，容易患病。

病苗：这类苗种在培育过程中染病，体质差，适应环境的能力弱，生长慢，死亡率高。带病苗种一旦销售使用，下池养殖很易暴发鱼病。

要避免使用没有许可证就生产经营的苗种，要使用按照标准化繁育的苗种。有的生产单位规模小，资质低，基础设施差，生产条件落后，缺乏规范化管理，种质退化严重，生产的苗种质量不能保证。

二、饲料质量不好

饲料质量是影响鱼类是否健康生长的关键因素，同时也是关系到鱼类抗病力、养殖生态环境好坏和水产品最终质量安全的关键因素。

（1）低质、变质饲料。这种饲料会导致鱼类利用差，排泄后污染水体，鱼类甚至消化不良，更容易加剧水体污染，使水质难以控制，各种病害增加。

（2）含有有毒有害物质或违禁药物的饲料。这种饲料会直接快速影响鱼类的健康，鱼类摄食后，有毒有害物质积聚或残留体内，使养殖水产品出现疾病。

（3）不符合标准或恶意掺杂使假生产的不合格的人工饲料。这种饲料会缓慢影响鱼类健康，导致养殖对象长期处于营养不良，体质下降，抗病能力降低，易感染病害。

（4）含有对人有毒有害物质的饲料。这种饲料的有毒有害物质会积聚或残留鱼体内，使养殖水产品出现食用安全问题，进入市场后会直接损害消费者利益。

三、用药不规范

（1）使用非正规厂家生产的假冒渔药导致鱼病防治无效。

（2）不经渔医确诊胡乱用药可能造成鱼病加重或使鱼病蔓延。

（3）鱼病发生时用药频繁，药量增大，造成药物残留超标或养殖鱼类自身的免疫机能受到严重抑制，鱼类容易出现各类健康问题。

四、操作失误

1. 养殖密度过高

养殖密度要根据池塘条件和配套设施情况而定。密度过高则水质无法控制，致使鱼病增加，死亡率升高。养殖密度上升，水体溶氧消耗大，鱼类排泄物增加，水质不稳定且极易变坏，鱼病增多。特别在持续高温的夏季，底层水容易处于缺氧状态，易导致亚硝酸盐和氨态氮等有害物质浓度增加，水质调控更加困难，易暴发各种鱼病。

2. 投喂量过多

投喂量多易造成鱼体消化不良，直接使鱼肠道产生肠炎等病变。饵料残留在水中的也多、污染水体。

3. 鱼体受损

鱼体受损原因及其影响如表 1-3 所示。

表 1-3　鱼体受损原因

换水不慎	碰撞鱼体
换水不当引起水体 pH 值不稳、温度变化过大，容易发生细菌性鱼病，也容易引发白点病等疾病	运输、放养、消毒、捕捞等操作不慎引起鱼体因碰撞受伤，由此可能引发多种疾病

第二章 鱼病的基本预防方法

第一节 消毒全面 严格抑制病原入侵

一、池塘消毒

池塘整塘和清塘方法如表 2-1 所示。

表 2-1 池塘清整和消毒简明表

整塘	清塘	
每池有独立的进、排水口，防止病原在池塘之间传播	干法清塘	带水清塘
清淤、除草、维修，晒池	每亩①用生石灰 60~100 kg。在塘底挖掘几个小坑，或用木桶等把生石灰放入加水乳化，不待冷却立即均匀遍洒全池	水深 0.2 m，每亩用生石灰 150 kg，生石灰乳化后立即全池遍洒
	清塘后一般经 7~8 天药力消失，即可注水，用数尾苗种试水，确定放鱼时间	

二、苗种消毒

苗种消毒主要采用食盐、生石灰、含氯石灰、硫酸铜、硫酸亚铁、高锰酸钾、二氧化氯等。

最常用的是盐水消毒。用 2%~3% 盐水浸洗鱼体 10~15 min，可杀死鱼体上的车轮虫、斜管虫和一般细菌等，可预防鱼类细菌性疾病和寄生虫性疾病。

三、饲料消毒

养殖草鱼等鱼类的植物性饵料要先放在 6 mg/L 漂白粉溶液中浸泡 20~30 min 后再洗净投喂。陆生植物为了防止农药等污染，可将其放入水中浸泡数小时后再投喂。养殖杂食性鱼类的动物性饵料如螺蛳、蚬等，应选取新鲜的饵料洗净后再投喂。

---

① 1 hm²=15 亩，下同。

四、食场消毒

每隔 10~15 天对食场和饲料台清理消毒一次，采用漂白粉（氯化石灰）挂篓和结合泼洒生石灰的方法预防鱼病。每个消毒袋装漂白粉 100~150 g；每个食场挂 3~6 个袋，每次消毒 3 天。或每袋装硫酸铜 100 g、硫酸亚铁 40 g，连用 3 天。

五、工具消毒

经常使用的养鱼用具，可以用 2 mg/L 生石灰、1 mg/L 漂白粉或 3% 食盐水溶液泡半天至 1 天。在鱼容易发病的季节，容器、工具要经常消毒。也可置于阳光下经紫外线消毒。

六、水体消毒

每隔半个月按每亩水面平均水深 1 m，用 20 kg 生石灰兑水后全池泼洒。坚持水体消毒对预防草鱼出血病和烂鳃病效果很好。

第二节　放养优良苗种　保证体质健康

一、选择优良苗种

购买经检疫合格、健康的苗种，一般目测选择标准如表 2-2 所示。

表 2-2　苗种的目测选择标准

品种规格	体质	体表	体态
规格整齐且色泽鲜艳	体形正常且肌肉丰满	没有病伤且鳞片整齐	游动正常且姿态活泼

二、正确健康放养

苗种正确健康地放养操作及注意事项如表 2-3 所示。

表 2-3　苗种放养消毒简表

项目	漂白粉（含氯石灰）消毒	含氯石灰和硫酸铜合剂消毒	高锰酸钾消毒
操作	水温 10~20 ℃时，用 10~20 mg/L 的含氯石灰（含有效氯 27%~30%）水溶液浸洗 10~15 min	水温 10~20℃时，用 10 mg/L 的含氯石灰（含有效氯 27%~30%）和 8 mg/L 的硫酸铜合剂浸洗 20~30 min，主要防治细菌性皮肤病和鳃病	水温 10~20 ℃时，为 20 mg/L，浸洗 20~30 min。主要用于防治锚头蚤病、指环虫病、三代虫病、车轮虫病、斜管虫病等
注意事项	消毒期间严格注意观察苗种耐受力	现配现用，防止阳光直射下操作影响药效	

第三节　投喂高质量饵料　保证营养均衡

一、"四定"投饲

定质投喂是指投喂的饵料要新鲜和有营养，投喂符合 NY 5072 标准的无公害饲料。质量要好，不含有病原体或有毒、有害物质。

定量投喂是指每次投饵的数量要均匀适当，颗粒饲料以投饵后 15~20 min 内吃完为适度；糊状饲料以每次投饵后 1 h 内吃完为适度；青饲料一般以 3~5 h 内能吃完的量为适宜，如果有吃剩的残饵，应及时捞出清除，以防水质变坏。必须防止投喂量过多，造成鱼类肠道总是处于充实状态，一方面饲料利用差，排泄多、污染水体；另一方面容易造成鱼消化不良，肠道产生病变。

定位投喂是指投饵要有固定的食场，使鱼养成到固定的地点（食台或食场）去吃食的习惯，既利于提高饵料的利用率，同时又便于进行食场消毒及观察鱼类动态，也容易检查池鱼吃食情况等。

定时投喂是指要根据养殖鱼类的生活习性，在相对固定的时间段进行投饵。

二、防病药饵投喂

在鱼病发生季节，每 15~20 天进行一次药物预防。

一般采用口服法，将药拌在饵料中制成药饵投喂。

必须先计算出池水体积和估算出鱼的重量，一般投药饵量比普通饵料要少两三成，不能任意提高药量和施药浓度。

药量根据测得池水体积和用药浓度进行计算。

拌药的饵料须用鱼喜吃的食物，也可用配合饲料拌药或制成各种规格的颗粒药饵防治鱼病。

夏季鱼池用药须在阴凉天气晴天清晨或傍晚进行。药饵投喂前要定点投喂，适当减少投喂点个数。投喂药饵前一般要停食 1 天，使鱼产生饥饿感，促其吃食药饵，以增强防治效果。

三、规范投喂方法

一年之中的投饵工作应掌握"早开喂，晚停食，抓中间"的投喂规律。即以生长最快的季节增强投喂，6 月份以前 9 月份以后投喂饲料的比例要比较少为原则。

投饵率是每天的投饵量占所喂鱼体重的百分数。不同季节的投饵率依水温、水质、天气、鱼群摄食和活动等各种具体情况而定（表 2-4）。

表2-4 环境变化和投喂量

环境情况	水温		水质		天气		摄食		鱼群
	适宜	低	清爽	过肥	晴朗	不好	旺盛	食欲不振	有浮头
投饵量	正常投饵	减少投饵	适当多投	应少投	适当多投	应少投	适当多投	应少投	禁止投喂

四、饵料量计算

某种饲料全年的饵料量计算公式：$Q=PrKA$　　　　　　　　　（公式2-1）

公式2-1中，Q为某种饲料全年的用量（kg）；P为池塘的投饵鱼产量（kg/亩）；r为该种饲料的搭配比例（%）；K为该种饲料的饲料系数；A为鱼池总面积（亩）。

第四节　用药严格准确　保证防治病害有效

一、用药要对症，药量要准确

泼洒的药物要准确按照水体计算；拌入饲料的药物要按照鱼体重和用料量算好剂量，以免用药过量造成中毒或用药不足达不到治疗效果。

二、渔药一般较少混合使用

两种药物必须混合使用时应注意药物间的相互作用，如生石灰就不能与漂白粉、硫酸铜、渔用敌百虫混用，酸性药物和碱性药物不能混合使用。可以混合使用的两种以上药物，每种药物应各自溶化或溶解后，才能混合。不易溶解的药物要用开水充分溶解或药水经过滤，以免鱼误食药物颗粒而中毒。

三、空腹喂药

投喂药饵时，要使鱼空腹以便更好摄食，以减少药饵在水中的滞留时间，避免药物失散在水中。

四、均匀泼洒药液

泼洒药液，切不可定点倾倒，应均匀泼洒。一般在傍晚前操作，泼药后，气温、水温降低，可减少鱼类的应激和体能消耗。中午阳光直射时施用，会降低药效。

五、先喂食后泼洒药

泼洒药物时不要投喂饲料，最好先喂食后泼洒药。全池泼洒应从上风处逐渐向下风处，使药物泼洒均匀。

六、注意药物的有效期

使用过期失效的药物，既达不到防治疾病的效果，有的还会产生毒副作用造成危害。

七、要注意观察

鱼体药浴防病时切勿离人，发现鱼浮头、窜游、翻肚等异常现象，立即捞出放入清水中，以防中毒。

八、药液要随配随用

用木质或塑料容器配制药液，不宜用金属容器。

第五节　精心管理　确保水质良好

一、池塘建设管理

鱼池塘管理，包括池塘建设管理、水体调控管理、水色日常管理、养殖水体水深操作管理以及池塘环境综合管理等内容。

池塘建设管理如表2-5所示。

表2-5　池塘建设项目要求

水源	选址	清整	设施
无污染源	远离污染源	清除污泥	独立的进、排水口
符合 GB 11607 养殖用水标准	用电和交通便利	完善消毒	无渗漏

二、水体调控管理

水体调控管理如表2-6所示。

表2-6 养殖水体管理操作

主要项目	水质检测	增氧	降氨氮	合理放养	避免鱼伤	控制水肥
操作内容	1. 溶氧 2. 酸碱度 3. 氨氮 4. 亚硝酸盐 5. 硫化氢等	1. 使用增氧机等进行机械增氧 2. 泼洒增氧剂等进行药物增氧 3. 换水或流水 4. 利用植物光合作用改良水质 5. 用遮阴等方法降低水温 6. 用及时清淤等物理办法净水增氧	1. 采取增氧等方法增强水体硝化作用，使水中氨氮亚硝酸盐转化为硝酸盐；增强植物对氮的吸收 2. 在高温季节，定期施入底质改良剂，改善水质	1. 控制放养数量和密度,密度过大容易造成缺氧和鱼病 2. 适当采取轮流放养和混养	1. 规范操作,避免鱼体受伤 2. 鱼受伤后及时治疗	1. 保持水体"肥、活、嫩、爽"。春季多施氮肥,夏季多施磷肥 2. 偏瘦水体增施磷酸二氢钙等磷肥 3. 偏肥水体用适量沸石粉或明矾+食盐全池泼洒 4. 水质过肥时用硫酸铜等药物适当杀死部分藻类,加注新水

三、水体肥瘦日常管理

水体肥瘦日常管理如表2-7所示。

表2-7 养殖水体的水体肥瘦管理

水体肥瘦	透明度(cm)	水色区别			控制方法
水体正常	25~40	淡绿色			正常进行增氧等管理
		绿藻类等植物旺盛，溶氧丰富			
水瘦	>50	似乎透明			按照常规施足有机肥，追施无机肥，以磷促氮，肥水按照每亩每米水深使用磷酸二氢铵5~7.5 kg进行
		浮游植物过少，有时水绵大量繁殖			
水肥	<20	浓绿	蓝绿	黑褐	换水或晴天上午在下风口泼洒硫酸铜与硫酸亚铁合剂0.5~0.7 mg/L
		鱼类不易消化的浮游植物过多		腐殖质较多	

四、水深操作管理

水深操作管理如表 2-8 所示。

表 2-8　养殖水体水深季节性调控

季节	水深调节 (m)	作用	操作
春	1	利于提高水温和培肥水质	每隔 15 天加水 1 次，每次加水 10 cm 左右，达到 7 月份加深至 2 m，直到年底，水深应保持最深水位
夏	2	深水位防止水温过高	
秋	2	保持水深，扩大鱼类活动范围	
冬	浅水或干池曝晒	消毒	

五、池塘环境综合管理

池塘环境综合管理内容及操作如表 2-9 所示。

表 2-9　养殖池塘环境管理内容及操作

项目	巡塘	消毒	整塘
内容及操作	1. 黎明时观察池鱼有无浮头	1.10~15 天就要对食场和饲料台清理消毒一次	1. 检查池水渗漏情况
	2. 平时观察池鱼活动和吃食情况	2. 采用漂白粉挂篓和结合泼洒生石灰的方法预防鱼病	2. 随时捞除水面残草、剩饵、死鱼和其他杂物
	3. 傍晚检查鱼全天的吃食情况	3. 在鱼病流行季节，精养塘每隔半个月按每亩水面平均水深 1 m，用生石灰 20~30 kg 兑水后全池泼洒消毒	3. 检查设备及清除有害生物
	4. 夏、秋高温季节或天气突变时，还应在半夜前后巡塘，及时防止浮头		

第三章　鱼病检测与诊断

第一节　鱼病的基础调查和观察

鱼病正确诊断的基础是精细的调查和观察等工作，如表 3-1 所示。

表 3-1　鱼病调查和观察项目简明表

调查项目	调查内容	观察项目	观察内容
水体环境调查	水源	鱼体观察	体色
	水温		鳞片
	水色		光泽
	浮游生物		体表附着物
	底质		体态
水质调查	pH	鱼活动生态观察	活动能力
	NO_2-N		摄食状态
	NH_3-N		游动状况
	DO		
	COD		异常情况
	硬度		
	透明度		
管理调查	养殖品种	养殖水体周围情况观察	土质
	放养密度		
	规格		四周工厂、农场、交通、树木、房屋等环境
	产地来源		
	饲料质量		
	饲料投喂概况		
	消毒药物使用情况		
	换水次数和数量		
	以往发病和治疗措施		
	敌害及处置		

第二节　鱼病检测

一、临床检测

鱼病临床检测主要内容如表 3-2 所示。

表 3-2　临床检测主要内容

项目	内容	项目	内容
体表	看颜色、体表的光洁度	血液	血液的透明度、颜色、血凝时间
	鳞片是否正常		进一步镜检细菌或寄生虫
	虫体附着情况	心脏	看颜色
	鳍条完整情况		组织是否正常
	有无溃烂症状	消化道	组织是否正常
鳃	观察鳃丝的颜色		
	进一步镜检细菌、霉菌和原虫等		寄生虫存在情况
	鳃腔异常情况	肾脏	看颜色
肌肉	看颜色		检查病变和病原
	异常结构存在情况		
肝胰脏	看颜色	生殖腺	看组织颜色
	进一步镜检细菌或病毒包涵体		病变情况

二、实验室常规检测

有许多鱼病是可以凭目检而加以判断和鉴别的。除了肉眼观察后即可鉴别的鱼病,有些鱼病经过调查和观察可以知道患病类型和区域部位,但是还不能确诊,即可做成水浸片观察,在显微镜下进一步检出细菌、霉菌或原虫等病原体并且确定病原体的种类和数量。方法是用镊子刮取少量附着物或取小块病变组织,放在已滴加蒸馏水的载玻片上,需要染色的滴上染色液,盖上洁净的盖玻片,置于显微镜下观察,必要时做组织切片或进行冰冻切片观察。先用低倍镜观察,然后用高倍镜观察。

15

①检测鳃。用剪刀剪去鳃盖，露出鳃丝。观察鳃腔寄生虫情况及鳃丝的颜色。取少量鳃丝做成水浸片镜检，可检出细菌、霉菌或原虫等病原体。

②检测口腔。检查完鳃部之后，接着检查口腔。先用肉眼仔细观察，可能发现吸虫的大包囊、锚头蚤等。目检后，再用镊子刮取上下颌一些黏液镜检，有时可发现车轮虫。

③检测眼。首先放在玻皿或玻片上，剖开巩膜，放出玻璃体和水晶体，进行镜检，可发现寄生在眼睛各部分的吸虫幼虫。

④检测心脏和血液。观察心脏颜色、质地有无异常。可直接从心脏取血液进行镜检，观察是否有细菌或其他病原体。

⑤检测体腔和消化道。剪开腹部，肉眼观察体腔病变，剪开胃、前肠、中肠、后肠，观察肠内有否寄生虫或肠壁组织有否异常，取异常处组织进行镜检。

⑥检测肾脏。观察其色泽、质地有无异常。取一小片肾组织用压片法检查，注意有无病理变化和病原。注意发现黏孢子虫、线虫等幼虫。

⑦检测肝胰脏。肉眼观察其颜色有无病变，质地有否异常。取小块组织做成压片或切片镜检，注意检测细菌或病毒包涵体。

⑧检测生殖腺。把左右两个性腺小心地取出来，先观察其颜色、病变情况，后做成压片镜检。

⑨检测鳔。不要把鳔弄破，先观察外表，再把它剪开，注意发现复殖吸虫、线虫。做成压片镜检。

⑩检测肌肉。注意肌肉是否颜色正常，是否松软，如有白点、白斑或白带状，侧重压片镜检黏孢子虫或吸虫包囊和幼体。

三、疑难病的实验室检测

部分由病毒或细菌引起的疾病，仅仅靠光学显微镜检查，对其病原的鉴定和疾病的确诊比较困难，可以用电子显微镜观察，也可以用微生物学试验的方法，进行分离、培养和人工感染等，以确定病原。有些病毒性和细菌性疾病，可采用免疫和核酸的方法做出较迅速的诊断，如血清中和、荧光抗体、酶标抗体、PCR、核酸探针检验等方法。特殊的综合性疑难病还要进行病理组织切片、饵料分析、水质测定等，进行综合分析才能确诊。

病毒材料收集后要快速处理，将取出病变的器官组织置无菌器皿中，称重后随即置于50%磷酸缓冲甘油中，注明收集地点、日期和寄主种类，在-20℃保存。如实验室距现场较远，需把病鱼或病鱼器官组织放入有冰块的保温瓶中，快速运往实验室，置低温冰箱保存。

细菌病原体标本收集后应立即送往实验室进行分离。在野外调查的流动条件下，可采用冰块法将取得的尚未死或刚死不久的病鱼放入盛有冰块的密封瓶里，然后送往实验室进行分离。

电子显微镜观察的染色方法根据观察对象的不同，可以采用重金属盐染色或苏木精——伊红染色等技术。

鱼类病毒分离培养的主要途径是通过鱼体和细胞的接种，鱼体感染一般采用注射或浸泡两种方法。

利用血清学诊断的中和试验，需要在培养的组织细胞或鱼体中进行，在一定条件下，将病毒、血清混合接种于寄主系统，以测定病毒的感染力和抗血清的效价。由于中和试验特异性强而且灵敏，所以是鱼类病毒传染病诊断常用的一种方法。

荧光抗体技术是一种特异性强而且较迅速的诊断方法。要预先制备好荧光抗体，可以在 24 h 内获得诊断结果。

酶标抗体技术是通过共价键将酶连接在抗体上，制成酶标抗体，再借酶对底物的特异催化作用，生成有色的不溶性产物或具有一定电子密度的颗粒，于光学显微镜或电镜下进行细胞表面及细胞内各种抗原成分的定位。

聚合酶链式反应（PCR）技术是体外酶促合成特异 DNA 片段的一种方法，使目的 DNA 得以迅速扩增，具有特异性强、灵敏度高、操作简便、省时等特点。较新的实时荧光定量 PCR 技术具有特异性更强，有效解决 PCR 产物污染、自动化程度高等特点。可以用于涉及核酸研究以及疑难病的确诊。

核酸探针分为基因组 DNA 探针、cDNA 探针、RNA 探针和人工合成的寡核苷酸探针等几类，较常使用的是基因组 DNA 探针和 cDNA 探针。

第三节　鱼病诊断注意事项

一、采用恰当的方法进行诊断

有些常见病从病鱼外表、病原体或调查结果就可以看出，但当病鱼有几种症状同时表现出来，目检之后不能确诊时，就必须进一步通过镜检，甚至是依据实验室复杂的检测、化验，以及饵料分析、水质测定等工作，取得有关数据后，经综合判定，才能弥补目检的不足，达到对鱼病的确诊。

二、建立好鱼疗档案，开处方、定方案等工作是主要内容

根据诊断结果，由渔医开出对症的渔药处方，确定治疗方案，确定疗程。渔医对治疗结果也有责任和义务进行回诊，这些工作都要载入鱼病档案。

三、诊断前基础工作一定要做好

解剖是重要的诊断前基础工作，一般是先检查外部，再解剖检查内部。每一部位的检查，都是先用肉眼检查，观察各部位有无充血、发炎、溃烂、变色、黏液增多、粗糙、肿胀、小点、畸形及肉眼可见的大型病虫害等。问题不明确再用显微镜检查。

四、认真检查，才能科学诊断

采用显微镜检查患病鱼体，即可对一般鱼类寄生虫病先做出一个大致的诊断。而鉴定寄生虫的种类时，有时还需要进行寄生虫的染色、解剖、切片、培养及查明其生活史。

对细菌病及病毒病进行确诊一般综合应用免疫学诊断、病理学诊断、细胞学和微生物学等方法，复杂鱼病的调查访问和病体的解剖检查一般要交替进行。要根据各种病的轻重及危害性，找出主要矛盾重点解决。

五、注重理化疾病的确诊

应激、中毒和营养不良等理化疾病的确诊一般根据调查访问和对患病机体的解剖检查；而浮头和泛池等病一般经过全面观察就容易做出正确诊断。复杂的理化疾病，如果怀疑是由环境不良或中毒引起的，就要及时对水质、底泥、饲料和患病机体进行分析测定。

六、注意病体选择

供检查用的病体应选择症状明显、临近死亡或是刚死亡不久的病鱼。每次至少检查3~5尾。

七、其他注意事项

①解剖病鱼时，尽量不将鱼体内脏器官弄破，免得影响观察和诊断。
②用于解剖的工具必须洗干净。
③压片检查时，取的组织块不要太多。
④每次进行调查、观察和各项检测都必须做好详细记录。

第四节　部分鱼病诊断

部分鱼病根据生产实践的观察经验和简单检测就可以进行初步判断，如表3-3所示。

表 3-3　部分鱼病简明诊断表

序号	发生特点	观察和检测现象	诊断病名
1	鱼苗、鱼种容易患病	1. 目检在鱼的皮肤、鳃、肠等器官组织可见到气泡 2. 池鱼在水中不断向下游但仍上浮 3. 在鱼池表面常可见到气泡	气泡病
2	一般发生在夏天或黎明前。有时也发生在越冬池	有严重浮头现象，接着鱼陆续死亡	泛池
3	鱼苗、鱼种容易患病	1. 成群结队围绕鱼池边狂游，长时间不停 2. 镜检体表有大量车轮虫寄生	车轮虫病
4	鱼苗、鱼种容易患病	1. 成群结队围绕鱼池边狂游 2. 体表没有大量车轮虫寄生	跑马病
5		1. 鱼的体表有缺损或隆起 2. 鱼体两侧及腹部发炎、出血、脱鳞、鳍基充血、蛀鳍	赤皮病
6		鱼体两侧有似石蜡状表皮增殖物	痘疮病
7		鱼体两侧有近似圆形或椭圆形的出血病灶，脱鳞处表皮或肌肉腐烂	腐皮病（打印病）
8		体表粗糙，鳞片竖起，鳞囊积水，形似松果。体表多黏液，镜检鳞囊中液体有大量杆状细菌	竖鳞病（立鳞病）
9		1. 鱼的体表有小白点 2. 小白点内镜检确认为小瓜虫	小瓜虫病
10	鱼苗、鱼种容易患病	病鱼初期尾柄部呈灰白色，随后至背鳍基部后的体表全部发白	白皮病
11		鳃丝腐烂，有些鳃丝末端软骨外露，且常带有污泥	烂鳃病
12		鱼体表有大量灰白色棉絮状物。	水霉病
13		鱼体表有大量锚头蚤寄生	锚头蚤病
14		鱼体表有大量鱼鲺寄生	鱼鲺病
15		池鱼在水中不断向下游，但仍上浮	浮头
16	鱼种容易患病	鱼的口腔、鳃盖、鳍基、肌肉、肠道等处充血	出血病

第四章　病毒性疾病的防治

一、草鱼出血病

1. 病原

病原为呼肠孤病毒科病毒。

病毒颗粒呈球形或六边形,平均直径 70 nm 左右,无囊膜构造,具两层衣壳结构,为双股 RNA 类型病毒。

2. 主要诊断症状

病鱼在池边离群独游,对外界刺激反应迟钝,不吃食,鱼体表发黑无光泽,尤以头部为明显。根据病鱼症状一般可分为三种类型。

①红肌肉型。病鱼体色发黑,体表无明显出血,肌肉出血明显,严重时全身肌肉出血呈鲜红色(图 4-1 和图 4-2)。有时因鳃瓣严重失血,呈现出"血鳃"。主要发生在 7~10 cm 草鱼鱼种。

红肌肉型草鱼出血病肌肉面为红色

图 4-1　红肌肉型草鱼出血病

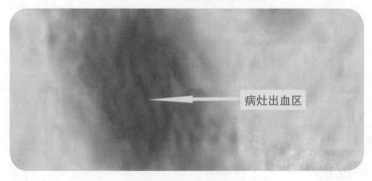

病灶出血区

图 4-2　皮下肌肉出血

②红鳍红鳃盖型。鳃盖、鳍条、下颌、口腔、眼眶等明显充血，肌肉局部呈斑点状出血，个别鱼体肠道也有出血现象。主要发生在 13 cm 以上草鱼鱼种（图 4-3）。

图 4-3　红鳍红鳃盖型草鱼出血病

③肠炎型。体表、肌肉充血不明显，肠道充血严重，肠道会因全部或部分充血呈鲜红色或呈紫红色。大、小草鱼均可发生（图 4-4）。

图 4-4　肠炎型草鱼出血病

上述三种类型无法截然分开，症状也并非全部同时出现，主要观察肌肉、口腔、鳍基部及内脏器官是否出血，以便确定重点发病部位。

3. 流行情况

草鱼出血病发病季节长，大多发生于 6~9 月份。发病水温 12~35℃，最适水温 27~30℃。8 月份为发病高峰期，主要危害全长 2.5~15 cm 的草鱼鱼种。

4. 防治方法

（1）注射草鱼出血病疫苗。按疫苗使用说明进行，注射前鱼种用 3% 食盐水消毒。

（2）投喂大黄药饵，每 100 kg 鱼用 0.5~2 kg 大黄做成颗粒饵料投喂 4~5 天，并且用硫酸铜全池泼洒，使池水浓度呈 0.7 mg/L，连泼 2 次。隔天一次。

（3）发病季节到来前 1 个月开始做预防工作。第 1 天每 100 kg 鱼用板蓝根 2.5 kg、穿心莲 1.5 kg 加开水浸泡 1 h，取汁加食盐 0.5 kg，拌入 4 kg 麦麸或玉米粉投喂；第 2 天用第 1 天留下的药渣再煎熬 1.5 h，取汁，加盐，拌饵投喂。每 2 天为一个疗程。喂 2~4 个疗程。

（4）每 50 kg 鱼种用粉碎的 150 g 大青叶、100 g 贯众、100 g 野菊花、100 g 白花蛇舌草拌入 5 kg 饵投喂，每 3 天为一个疗程。

二、鲤鱼痘疮病

1. 病原

病原为疱疹病毒。

病毒由核心、衣壳、被膜及囊膜组成，核心含双股 DNA。

2. 主要诊断症状

患病初期，鱼的躯干、头部及鳍上出现 乳白色斑点，以后这些斑点逐渐变厚、增大，严重时融合为一片，色泽由乳白色变为石蜡状（图 4-5），略呈淡红或灰白色，当蔓延至鱼体大部分时，就严重影响鱼的正常生长发育。

病鱼体表病灶出现的斑点呈石蜡状融合

图 4-5　患痘疮病病鱼体表病灶

3. 流行情况

该病流行于秋末至春初的低温季节及密养池，当水温升高后，对病情有抑制。

4. 防治方法

（1）严格执行检疫制度，不从患有痘疮病渔场进鱼种，不用患过病的亲鲤繁殖苗种。

（2）预防办法是将 0.5 kg 大黄研成粉末，用开水浸泡 12 h 后，与 100 kg 饲料混合制成药饵，给越冬鲤鱼投喂 5~10 天。

（3）投喂大黄药饵的同时，全池遍洒浓度为 4 mg/L 的渔用病毒灵。

三、鲤春病毒病

1. 病原

病原是鲤春病毒。

病毒有一层囊膜，病毒大小约为 180 nm × 70 nm，含单链 RNA 和依赖于 RNA 的 RNA 聚合酶。

2. 主要诊断症状

鲤春病毒病是鲤鱼的一种急性传染病，其特征是体黑眼突，皮下出血，腹膜发炎，腹水增多，出血性肠炎，肛门红肿，腹胀，内脏水肿（图 4-6）。

濒死鱼身体发黑，呼吸缓慢，侧卧张口，眼球突出（图 4-7），肚腹肿胀，鳃苍白，有肠炎症状并且排出黏液，甚至皮下出血（图 4-8）。

鱼的内脏出血、腹水增多、内脏器官水肿

图 4-6　鲤春病毒病鱼体内脏出血、腹水增多、内脏器官水肿

图 4-7　鲤春病毒病鱼的眼球明显突出

图 4-8　鲤春病毒病鱼体皮下出血

3. 流行情况

主要危害鲤鱼。发生于春季，水温 13~22℃的情况下发病，传染之后引发大量死亡，死亡率高。是鱼类口岸第 1 类检疫对象。

4. 防治方法

（1）聚维酮碘（有效碘 1.0%）全池泼洒，达到浓度 0.5 mg/L，隔日 1 次，连用 3~5 天。

（2）聚维酮碘浸浴，用药浓度 30 mg/L，15~20 min。

四、传染性胰腺坏死病

1. 病原

病原是传染性胰腺坏死病病毒。

该病毒是已知鱼类病毒中最小的 RNA 病毒。传染性胰腺坏死病病毒直径 50~75 nm，衣壳内包有 1~2 个片段组成的双股 RNA 基因。

病后残存的鱼可数年以至终身成为带病毒者，从肾、脾、肝、性腺、粪便中均可检出传染性胰腺坏死病病毒，其中以肾脏的检出率为最高。

2. 主要诊断症状

患病鱼体色发黑，眼球突出，腹部膨大，腹部及鳍基部充血，鳃呈淡红色，肛门处常拖有一条线状黏液便（图 4-9）。病鱼游泳失衡，常做上下回转游动。一会儿沉入水底，一会儿又重复回转游动，直至死亡。急症病鱼一般从开始回转游动至死亡仅 1~2 h。解剖观察，肠内无食而充满透明或乳白色黏液，肠壁薄而松弛，幽门部、胰脏有点状出血，肝、脾、肾、心脏贫血苍白。最明显的特征是胰腺坏死，胰腺泡、胰岛及所有的细胞几乎都发现异常情况，多数细胞坏死，特别是细胞核固缩、核碎裂情况十分显著，有些细胞的胞浆内有包涵体。

病鱼腹部膨大并伴有充血　　病鱼肛门拖一条黏液粪便

图 4-9　传染性胰腺坏死病虹鳟鱼

3. 流行情况

传染性胰腺坏死病最重要的传染源是带有病毒的鱼，主要危害虹鳟鱼、大马哈鱼等鲑鳟类鱼苗和幼鱼。该病最早发生在加拿大、美国，后来在丹麦、法国、希腊、英国、德国、挪威、意大利、南斯拉夫、瑞典、日本等国发生流行，于 20 世纪 80 年代又传入朝鲜、中国台湾省及东北、山西、山东、甘肃等地。是鱼类口岸第 1 类检疫对象。

该病有急、慢性之分，急性型病鱼在几天内全部死亡。其中开食后 2~3 周的鱼苗发病率最高，往往是急性流行，死亡率甚至高达 50%~100%。

该病常在水温 10~15℃时流行。发病后残存未死的鱼，可数年以上乃至终生携带病毒，并通过粪便、鱼卵、精液排出病毒，可以继续传播，所以必须销毁。

现在传染性胰腺坏死病已成为世界性鱼病。

4. 防治方法

（1）严格执行检疫制度。应用病毒学检测方法对引进的亲鱼和鱼卵等进行检疫，不将带有病毒的鱼卵、鱼苗、鱼种、亲鱼输出或运入。

（2）在饲料中添加 1% 的大黄粉投喂，连续 4 天。

（3）发眼期卵用聚维酮碘（有效碘 1.0%）用药浓度 30~50 mg/L，浸浴 5~15 min。药品不能与金属物品接触，也不能与季铵盐类消毒剂直接混合使用。

（4）用二溴海因全池泼洒，用量 0.2~0.3 mg/L。

（5）养殖水体的水温提升到 18℃以上，尽量控制此病的发生。

（6）用聚维酮碘（有效碘 1.0%）浓度 30 mg/L，浸浴鱼种，15~20 min。

（7）发现疫情，应尽快将病鱼池中的苗种销毁，并用漂白粉、强氯精、优氯精等含氯消毒剂消毒鱼池。

第五章 细菌性疾病的防治

一、烂鳃病

1. 病原

病原为柱状屈桡杆菌（也叫柱状黄杆菌等）。

菌体细长、柔韧可弯屈，没有鞭毛，有团聚的特性。革兰氏染色阴性。

2. 主要诊断症状

患病鱼行动缓慢，反应迟钝，常离群独游，食欲减退或不吃食，呼吸困难，体色发黑，尤其是头部颜色暗黑。鳃上黏液增多，鳃丝肿胀、腐烂，有时有污泥，严重时鳃小片坏死、脱落，鳃丝末端缺损，鳃丝软骨外露，鳃盖骨的内表面往往充血，中间部分常溃烂成一圆形或不规则的透明小窗，俗称"开天窗"（图 5-1 至图 5-3）。病鱼常并发赤皮病和肠炎病。

鳃丝明显肿胀并且腐烂

图 5-1 剪去鳃盖的烂鳃病病鱼

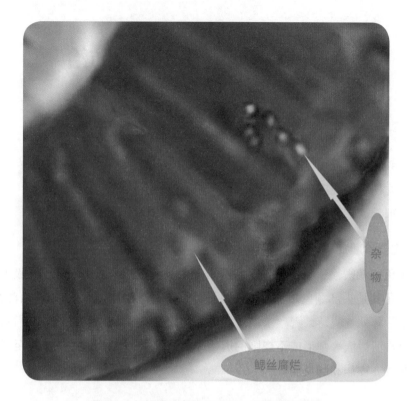

杂物

鳃丝腐烂

图 5-2 烂鳃病病鱼鳃丝腐烂、有淤泥等杂物

剪开的鳃盖白色处溃烂成透明小窗

图 5-3 患严重烂鳃病的病鱼鳃盖可见中间白色

3. 流行情况

细菌性烂鳃病主要危害草鱼鱼种。除草鱼外，青鱼、鲢鱼、鳙鱼、鲤鱼等也都能感染此病。一般水温15℃以上患病，水温28~35℃为发病最适温度。水中病原菌数量越多，鱼的养殖密度越大，鱼的抵抗力越小；水质越差，该病越容易暴发流行。

4. 防治方法

（1）全池泼洒漂白粉 2 mg/L，或五倍子 4 mg/L。

（2）用聚维酮碘水体消毒，水中药量达到 1 mg/L，病情严重时，1天1次，连用3~4天。

（3）药饵内服。板蓝根粉末，每 1 kg 饲料添加 20 g。

（4）用青霉素、链霉素各 80 万 IU 拌饵料 15 kg 投喂，连用2~3天。

（5）用烟叶防治。每亩养殖水面用 0.6~0.75 kg，用热水浸泡半天后泼洒，隔1天再泼1次。

（6）采用渔用敌百虫、食盐合剂（1∶10）全池泼洒，使池水药液浓度达到敌百虫 0.5 mg/L 和食盐 5 mg/L。

（7）五倍子粉碎煮汁后全池泼洒，使池水药液浓度达到 4 mg/L。

二、肠炎

1. 主要病原

病原为肠型点状产气单胞菌。

细菌为短杆状，两端圆形，单个或几个相连，极端单鞭毛，有运动能力。

2. 主要诊断症状

病鱼厌食，行动迟缓，离群独游。外观腹部膨大，呈现红斑，肛门红肿突出（图5-4），轻压腹部有黄色黏液流出。剖开鱼腹，可见腹腔积水，肠壁充血发炎，重症鱼全肠呈紫红色（图5-5），肠内无食物，含有许多淡黄色黏液或血脓。当年鱼种容易患病。

3. 流行情况

细菌性肠炎病危害草鱼、青鱼、鲫鱼、鲤鱼、金鱼、锦鲤、罗非鱼、月鳢、大口鲇、平鲷及真鲷等，从鱼种至成鱼均易发病。多流行于热天，成鱼高发期为5~6月份，鱼种高发期为8月中下旬，死亡率高，是目前我国水产养殖中危害最为严重的疾病之一。

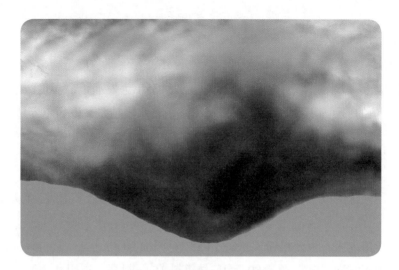

图 5-4 肠炎病病鱼肛门红肿

图 5-5 肠炎病病鱼肠道溃烂无物，全肠呈紫红色

4. 防治方法

（1）选择优质苗种，下塘前用漂白粉、高锰酸钾或盐水溶液按常规方法药浴消毒。养殖期消毒泼洒 0.3 mg/L 含氯消毒剂（60% 含氯量）或每亩泼洒 15~20 kg 生石灰溶液。

（2）给药防治，投喂含大蒜素 10% 的大蒜素粉药饵，按照每千克体重 0.2 g 的剂量，每天投喂 3 次，连喂 6~7 天。

（3）治疗。①土霉素，按照 50 mg/ kg 体重用量制药饵投喂，连用 3~4 天。②氟哌酸，按照 20~50 mg/kg 体重，制成药饵投喂，每天 1 次，连用 3 天。

三、败血症

1. 病原

病原主要是嗜水气单胞菌。其次是温和气单胞菌等。

嗜水气单胞菌属于弧菌科气单胞菌属，为革兰氏阴性短杆菌，极端单鞭毛，没有芽孢和荚膜。

2. 主要诊断症状

鱼患病初期，上下颌、口腔、鳃、眼睛、鳍基及鱼体两侧轻度充血。病重时鱼厌食，静止不动或阵发性乱游，病情更为严重时体表充血、出血（图5-6和图5-7），眼球突出，腹部膨大，肛门红肿，最后死亡。剖开腹腔，可见腹腔内积有大量淡黄色透明或红色浑浊腹水（图5-8），肝、脾等内脏器官肿大，有时肠因积气或积水而膨胀，肠内无食物。

3. 流行情况

发病季节，主要为每年4~10月份，流行水温范围较宽，在9~38℃都有发生，而且此病流行时一般气候变化也比较显著，以阴天为主，淤泥较厚的水体中养殖鱼类易发病。此病危害大多数淡水鱼类，鲢鱼、鳙鱼、鲤鱼、鲫鱼、鲂鱼、金鱼等受害最为严重，从夏花鱼种到成鱼均可感染。我国20多个省份有发生，是目前造成损失最大的鱼病之一。

4. 防治方法

（1）用氟苯尼考制成药饵投喂，用量按照5~15 mg/kg体重鱼，每天1次，连喂3~5天。

（2）硫酸铜、硫酸亚铁合剂全池泼洒，使池水浓度分别达到硫酸铜0.5 mg/L，

图5-6　败血症病鱼整体外观

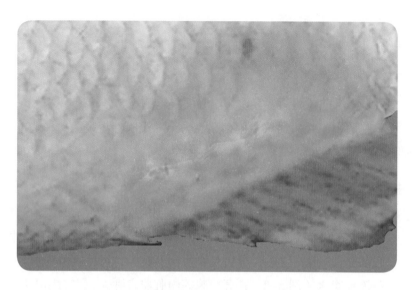

图 5-7　败血症病鱼鳍部显示充血并出血

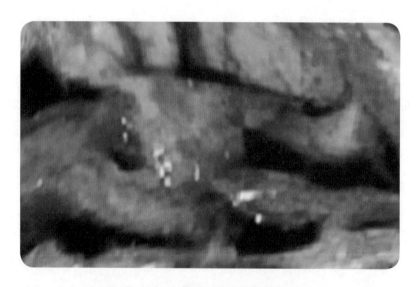

图 5-8　败血症病鱼内脏器官肿大并有腹水

硫酸亚铁 0.2 mg/L，隔天再进行 1 次。

（3）全池泼洒漂白粉，使池水中药物浓度为 1.0~1.2 mg/L，隔天再泼洒，共 2~3 次。

四、赤皮病

1. 病原

病原为荧光假单胞菌。

菌体细胞为直的杆菌，不产芽孢，革兰氏染色阴性。有数根极生鞭毛运动。

2. 主要诊断症状

病鱼两侧和腹部皮肤出血发炎（图5-9），鳞片松动脱落（图5-10），严重时皮肤腐烂，各鳍基部充血，鳍条末端腐烂，鳍条间软组织被破坏，常使鳍条呈扫帚状，亦称"蛀鳍"（图5-11）。有时病鱼的上、下颌及鳃盖也充血、发炎，鳃盖中部色素消退或部分腐烂，肠道亦充血、发炎。病灶处可引起继发性水霉病（图5-12）。病鱼行动缓慢，反应迟钝，离群独游，不久死亡。

3. 流行情况

赤皮病危害草鱼、青鱼、鲤鱼、团头鲂鱼、鲫鱼、金鱼等多种淡水鱼，是草鱼、青鱼的主要疾病之一。我国各养鱼地区均有赤皮病发生。该病一年四季流行，尤其是放养及捕捞后鱼种和成鱼最容易发病，因为当鱼体受机械损伤、冻伤或体表被寄生虫损伤时，病原荧光假单胞菌就会经伤口侵入，引起暴发性流行。当水温低时又容易感染水霉菌。这种病俗名又称为"擦皮瘟"或"赤皮瘟"。

图5-9　赤皮病草鱼鱼体两侧和腹部皮肤出血发炎

赤皮病病鱼鳞片脱落，表皮多处糜烂

图5-10　赤皮病病鱼

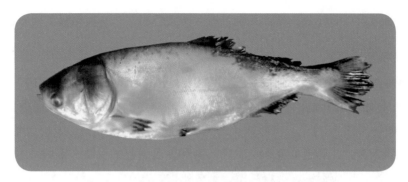

图 5-11　赤皮病病鱼鳍条呈扫帚状并有基部充血现象

图 5-12　赤皮病病鱼皮肤发炎，病灶处引起继发性水霉病

4. 防治方法

（1）预防此病必须避免在运输、拉网等操作中鱼体擦伤，同时注意避免鱼体受冻或被寄生虫寄生而受到损伤。

（2）鱼种放养时，用浓度 5~10 mg/L 的漂白粉溶液浸洗 10~20 min 消毒预防。

（3）治疗用中药五倍子粉碎后煮汁全池泼洒，使池水中药液浓度为 2~4 mg/L。

（4）治疗用高锰酸钾全池泼洒，用量 0.4 mg/L。

（5）治疗用漂白粉全池泼洒，使池水浓度为 1~1.5 mg/L。隔 1 天再泼洒 1 次。

（6）室内小水体治疗可泼洒利凡诺，达到 0.8~1.2 mg/L 浓度。

（7）采用浸洗治疗病鱼时，可用利凡诺，浓度为 20 mg/L。当水温为 5~20℃时，浸洗 15~30 min。21~30℃时，浸洗 10~15 min。

五、竖鳞病

1. 病原

病原为水型点状假单胞菌。

水型点状假单胞菌为短杆状、近圆形、单个分散存在、无芽孢。革兰氏染色为阴性。

2. 主要诊断症状

竖鳞病又叫松鳞病或立鳞病。病鱼行动迟钝,体表鳞片竖起(图5-13),向外张开,鳞片基部有水肿,里面积存半透明的或含有血的渗透液,用手按摸鳞片时感觉粗糙,液体会从鳞片基部流出。

疾病发生早期,鱼体发黑,鳞片的基部水肿,开始形成竖鳞,后期全身鳞片明显竖起,体表充血,病鱼有时发生烂鳍、鱼鳍基部充血,并且出现鳞片轻易脱落、皮肤轻度充血,眼球外突,腹部膨大,肌肉浮肿,腹腔内积有腹水,肝、脾、肾等内脏器官肿大、色泽浅淡等症状。严重时病鱼发生死亡。

图 5-13　竖鳞病病鱼

3. 流行情况

竖鳞病主要危害鲤鱼、鲫鱼、罗非鱼、金鱼、草鱼等。春季常发生此病,水温17~22℃容易流行,有时在越冬后期也有发生,危害严重。在我国东北、华北、华东等养鱼地区常发生竖鳞病,特别是静水养鱼池要严防此病,流水养鱼池中较少发生。

竖鳞病死亡率比较高。

4. 防治方法

(1)拉网、运输和放鱼时,操作要细致,严禁使鱼体受伤,预防此病的发生。

(2)预防竖鳞病可用维生素E内服法。剂量按照每10 kg鱼体重每天用维生素E 0.3~0.6 g,拌入饲料内服用。

（3）治疗用 5% 浓度的食盐水溶液进行浸泡，每天 1 次，每次 10~20 min，具体时间可根据鱼的忍受能力和水温的高低而增减，连用 3~4 天。

（4）治疗用 2% 盐水与 2% 的小苏打液混合，浸洗鱼体 10 min，每天 2 次，连用 3~5 天。

（5）治疗用庆大霉素 3~5 支，溶于 10 kg 水中，浸洗病鱼 10~15 min。

（6）治疗用 5% 的盐水和 3% 的小苏打混合液，浸洗病鱼 10 min。

（7）治疗用磺胺间甲氧嘧啶按照 100 mg/kg 体重用药，制药饵投喂，连用 3~5 天。

（8）治疗用 0.5 mg/L 的四环素水溶液中洗浴病鱼，每天 2 次，每次 1 h，连用 3~5 天。

六、打印病

1. 病原

病原是点状产气单胞菌点状亚种。此菌属革兰氏阴性菌。

2. 主要诊断症状

打印病又叫腐皮病。患病区首先在病鱼的背鳍和腹鳍以后的躯干部分，其次是腹部两侧（图 5-14 和图 5-15）。先出现圆形、卵圆形红斑，好似表皮加盖红色印章，随后病变部位表皮腐烂，中间部位鳞片脱落，腐烂表皮脱落，露出白色真皮，病灶内周缘部位鳞片埋入已坏死表皮内，外周缘鳞片疏松，皮肤充血发炎，形成鲜明的轮廓。随着病情的发展，病灶逐渐扩大、加深，形成溃疡，严重时甚至露出骨骼、内脏，病重的鱼会因衰竭死亡（图 5-16）。

3. 流行情况

打印病主要危害从鱼种至亲鱼阶段的鱼，特别是鲢、鳙鱼、草鱼等亲鱼受害更

病灶

图 5-14　患打印病的鲢鱼

图 5-15　患打印病的草鱼

图 5-16　鳙鱼打印病晚期的病灶逐渐扩大，形成较深的溃疡

严重，发病池内有时高达80%以上鱼患病。该病流行于全国各地，一年四季均有发生，尤以夏、秋两季常见。

打印病严重影响鱼的生长、商品价值及产量。

4．防治方法

（1）尽量不使鱼体受伤，避免引发感染致病，增强鱼抵抗不良环境的能力和抗病力。

（2）保证水质良好，发病季节用漂白粉全池泼洒，浓度达 1 mg/L，进行预防。

（3）治疗用二氧化氯 20~40 mg/L 浸浴 5~10 min。也可用利凡诺浓度为 20 mg/L 浸洗，水温 21~30℃时，浸洗 10~15 min。

（4）治疗体形较大的鱼采用卡那霉素注射，腹腔注射按照每千克鱼体重一次用量 1 000 IU。

（5）治疗采用肌肉或腹腔注射，每千克鱼注射 5 000 IU 金霉素。

（6）直接在病灶上涂抹 1% 高锰酸钾水溶液。

七、疖疮病

1. 病原

病原是疖疮型点状产气单胞菌等。

疖疮型点状产气单胞菌菌体短杆状，两端圆形，单个或两个相连，极端单鞭毛，有荚膜，无芽孢，染色均匀，革兰氏阴性菌。

2. 主要诊断症状

诊断症状是在皮下肌肉内形成硬胞样的感染病灶，主要区域是鱼体背部皮肤及肌肉组织发炎，随着病灶内细菌繁殖增多，患病部位出现脓疮，并隆起红肿，肌肉组织溶解，破裂流出大量脓血，里面充满脓汁、血球和大量细菌。用手触摸有柔软浮肿的感觉并且向外隆起，隆起的皮肤先是充血，以后出血组织坏死（图5-17和图5-18）。溃疡处形成较深的溃疡口。切开病灶处，可见肌肉溶解，呈灰黄色混浊凝乳状，镜检出现大量细菌。

3. 流行情况

主要危害青鱼、草鱼、鲤鱼、团头鲂鱼的成鱼，鲢鱼、鳙鱼也有发生。一般是成鱼容易患疖疮病，鱼苗及夏花鱼种少见患疖疮病。该病无明显的流行季节，一年四季都可能发生。

图5-17　疖疮病初显期的鲂鱼背部疖疮处稍隆起而且皮肤充血

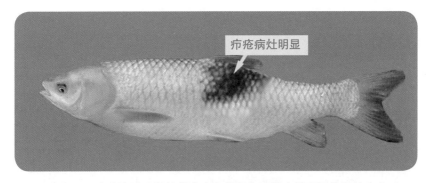

疖疮病灶明显

图 5-18　疖疮病明显期的草鱼病鱼背部有比较大的明显鼓起的疖疮

4. 防治方法

（1）预防此病应保持水质清洁，防止鱼体受到外伤。

（2）用中药五倍子煮汁全水体泼洒，用药浓度要达到 4~5 mg/L，连用 6~7 天。

（3）用青霉素按照 4 万 ~8 万 IU/L 浓度药液浸洗鱼体对疖疮治疗，每天 1~2 次，每次 10~20 min，痊愈为止。

（4）用复方新诺明，每 1 kg 体重鱼，用药 50 mg，拌料投喂，1 天 1 次，连用 5 天。

（5）磺胺间甲氧嘧啶，每 1 kg 体重鱼用药量 60 mg，拌饲投喂，1 天 1 次，连用 5 天。

（6）患病大鱼可以肌肉注射硫酸链霉素，每 1 kg 体重鱼用药 20 mg， 3 天后再注射 1 次。

八、烂尾病

1. 病原

病原体主要是点状产气单胞杆菌。菌体杆状，两端圆形，多数两个相连，芽孢具单鞭毛，为革兰氏阴性菌。

2. 主要诊断症状

烂尾病又叫尾柄病。病鱼患病的鳍条边缘出现乳白色，和烂鳍病很相似，特点是尾鳍症状更为严重，病鱼尾部鳞片脱落、发炎、肌肉坏死，有的鳍基部充血，鳍条末端蛀蚀，鳍间组织坏死，每根尾鳍的鳍条软骨间结缔组织裂开，鳍条散开，尾鳍成扫帚（图 5-19），严重时整个尾鳍烂掉。病鱼常伴随感染水霉病，在水中游动常常头部朝下，甚至倒立在水中。

3. 流行情况

从鱼种到产卵亲鱼都可能患此病，主要危害草鱼种等。从时间上来说一年四季

病鱼尾鳍边缘出现乳白色并且鳍条末端蛀蚀严重

图 5-19　患烂尾病的草鱼病鱼

都会发生，病因大部分是由于水质不良，水体中细菌过多所引起。所以预防时要注意控制水质。

4. 防治方法

（1）注意水质控制，做好供应充足的氧气和排除污物。同时也要注意防止鱼体机械受伤，尽量消灭寄生虫，防止寄生虫咬伤鱼体，以减少致病菌感染。

（2）发病初期可用 3%~5% 食盐水浸泡病鱼 10~15 min，每天 1~2 次，直至痊愈。

（3）小水体治疗病鱼采取遍洒利凡诺，用药浓度 0.8~1.2 mg/L 即可。

（3）浸洗治疗用利凡诺，浓度为 20 mg/L。当水温 21~30℃时，浸洗 10~15 min，一般是水温低时可以适当延长 2~5 min 的浸洗时间，每天浸洗 1~2 次，治疗多次，病愈为止。

九、鲤鱼白云病

1. 病原

病原为恶臭假单胞菌等。

恶臭假单胞菌常从腐败的鱼中检出，有些菌株为卵圆形，为单端丛毛菌，运动活泼，专性需氧，是革兰氏阴性杆菌，其陈旧培养物有腥臭味。

2. 主要诊断症状

患病早期可见鱼体表有点状白色黏液附着，并逐渐扩大，严重时好似全身布满白云（图 5-20），以头部、背部及尾鳍等处黏液更为稠密。重者鳞片基部充血，鳞片脱落（图 5-21）。解剖可见肝脏、肾脏充血。

图 5-20 病鱼体表覆盖黏液好似全身布满白云

图 5-21 病鱼鳞片脱落

3. 流行情况

主要危害鲤鱼、金鱼等。常发生于稍有流水、水质清瘦、溶氧充足的养殖场及流水越冬池中，最适发病水温 6~18℃。当鱼体受伤后更易暴发流行，常并发竖鳞病和水霉病。

此病的确诊一般须刮取鱼体表黏液进行镜检。

4. 防治方法

（1）疾病流行季节，用漂白粉全池泼洒，用药浓度 0.5~0.7 mg/L，15 天 1 次。

（2）用 1.0% 聚维酮碘溶液，疾病流行季节，全池泼洒，达到浓度 0.5~1 mg/L，15 天 1 次。

（3）将中药五倍子磨碎后用开水浸泡煮汁，将药汁全池泼洒，浓度达到 4~6 mg/L，15 天 1 次。

（4）用复方新诺明，按照体重计算用药，每天药量 50 mg/kg 体重，拌饲料投喂，连用 5 天。

（5）用磺胺间甲氧嘧啶，每天药量 100 mg/kg 体重，拌饲料投喂，连用 3~5 天。

十、白皮病

1. 病原

病原为白皮极毛杆菌。

白皮极毛杆菌在高倍显微镜下才能看到。菌体为杆状，多数 2 个菌体相连，菌体有 1~2 根极生鞭毛，借鞭毛运动。

2. 主要诊断症状

白皮病发病初期，在尾柄或背鳍基部出现小白点，以后迅速蔓延扩大病灶，致使鱼的后半部全成白色（图 5-22）。病情严重时，病鱼的尾鳍会全部烂掉，在水体中一般是头向下，尾朝上，身体与水面几乎垂直，不久即出现死亡。

3. 流行情况

主要危害夏花鲢鱼。主要因拉网、囤箱、过筛、运输时操作不细致，使鱼体受

图 5-22　患白皮病夏花鲢鱼病鱼，从上至下表示病鱼体后部的病灶区逐步向前部扩展

伤后感染细菌造成。

4. 防治方法

（1）遵守养鱼操作技术规程，避免鱼体受伤。

（2）预防用漂白粉全池泼洒浓度达 1 mg/L。

（3）用中药五倍子磨碎后再用开水浸泡数小时，连渣带汁泼洒全池，浓度 4~6 mg/L，7 天 1 次。

（4）用 2%~3% 食盐水浸洗病鱼 20~30 min。

十一、白头白嘴病

1. 病原

病原是黏球菌的一种，此菌为好气生长，菌体细长，粗细几乎一致，而长短不一。菌体柔软而易曲绕，无鞭毛，滑行运动。

2. 主要诊断症状

病鱼自吻端至眼球的一段皮肤色素消退，呈乳白色，唇似肿胀，口难以张开而造成呼吸困难。口周边皮肤糜烂，有絮状物黏附其上，故在池边观察水中的鱼有白头白嘴症状。有时病鱼的颅顶和眼球周围也出现充血现象。发病部位上皮细胞会坏死，脱落（图 5-23）。

吻端至眼部分变白

图 5-23　患白头白嘴病的病鱼

3. 流行情况

主要危害夏花鱼种，尤其对夏花草鱼危害较大。每年的5月下旬至7月上旬是该病的流行季节，6月份是发病高峰。是鱼苗培育阶段的一种暴发性疾病，发病快，来势猛，危害大，发病2~3天即可出现大批死亡。全国各地均有，当水质恶化、分塘不及时、缺乏适口饵料时更容易发生此病。

4. 防治方法

（1）鱼苗放养前要彻底清塘。

（2）鱼苗放养的密度要合理，不能过高。

（3）加强饲养管理，保证鱼苗有充足的适口饵料和良好的水质环境，并应及时分塘稀放。

（4）发病时可全池泼洒漂白粉，浓度为1 mg/L。也可以泼洒其他含氯消毒剂。

（5）用中药大黄加20倍的0.3%的氨水浸泡12 h后再全池泼洒，要求大黄药液的浓度达到1.5 mg/L。

十二、烂鳍病

1. 病原

病原包括嗜水气单胞菌（图5-24）、温和气单胞菌、假单胞菌和黏液菌等。

2. 主要诊断症状

病鱼各鳍边缘呈黄白色或乳白色，继而腐烂，如有伤口，可见分泌黏液，最初，

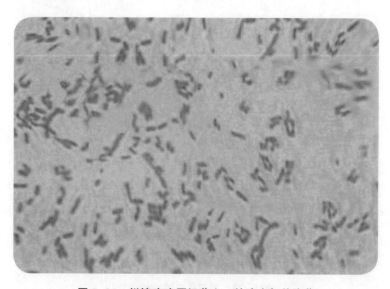

图5-24　烂鳍病病原细菌之一的嗜水气单胞菌

鳍的边缘出现轻微的不透明的外观，然后腐烂部分一片片地脱落，暴露出鳍刺，鳍刺开始依次裂开，造成鱼鳍破烂或残缺状态（图 5-25）。水质不好，可导致细菌感染剧烈使病情加重，又有可能同时暴发水霉病。当病情恶化时可导致病鱼死亡。

鳍刺裂开鱼鳍残缺

图 5-25　患烂鳍病的病鱼

3. 流行情况

此病多发生于梅雨季节、盛夏和秋季，成鱼或苗鱼都可能发生。从环境来说主要是水质不良致病细菌过多导致感染各鳍膜腐烂。如果水质的酸碱度起了急剧的突然变化，鱼体不适应，并且由此引起内分泌紊乱，鱼的抵抗力剧烈下降，也会导致鳍部的软组织腐烂，再加上受细菌感染致使此病加重。

4. 防治方法

（1）通过消毒等方法控制好水质。其次要减少养殖密度，避免鱼群之间咬鳍。营养不足会助长烂鳍病的发生，所以投喂的饵料要营养全面。

（2）在水体中放土霉素，药物浓度达到 20~40 mg/L，浸洗鱼类，每次 20~30 min。防治烂鳍病。

（3）用 5% 食盐水浸泡病鱼 10~15 min，每天 1~4 次，直至痊愈。也可以选用 10 mg/L 高锰酸钾，浸洗病鱼 10 min 左右。

（4）抗菌素治疗用盐酸四环素，用量 20~40 mg/L，每次 15~30 min，每天 2 次，持续药浴病鱼 5 天为一个疗程，直至病愈。

（5）用庆大霉素浸洗病鱼，用量 40 mg/L。每次 15~30 min，每天 1~2 次，直至痊愈。

（6）用浓度 0.1 % 利凡诺浸洗病鱼 10~15 min，每天 2~4 次。

第六章　寄生虫性疾病的防治

一、车轮虫病

1. 病原

病原包括车轮虫属和小车轮虫属的许多种类。分类属于原生动物门纤毛亚门寡膜纤毛纲缘毛亚纲缘毛目壶形科的车轮虫属和小车轮虫属。

车轮虫具有发达的空锥形锥部以及向外的齿钩和向中心的齿棘。虫体大小20~40μm。虫体侧面观如毡帽状，反面观呈圆碟形（图6-1），运动时如车轮转动。

图6-1　车轮虫虫体的反面观示附着盘

2. 主要诊断症状

车轮虫是淡水中常见的寄生虫，寄主很广泛，主要侵入鱼的体表和鳃，对鱼苗和鱼种危害较大。车轮虫少量寄生时，病鱼无明显症状，大量寄生时，病鱼游近水表呈类似缺氧状态，鱼体消瘦，头部和吻周围呈微白色，体表和鳃部黏液增多（图6-2），食欲不振，甚至停食，呼吸困难，鱼焦躁不安，成群沿池边狂游，因此车轮虫病俗称"跑马病",但检查时可见鱼体附有车轮虫(图6-3),治疗要按照车轮虫病进行。

体色暗淡失去光泽,体表黏液增多

图6-2　患车轮虫病的罗非鱼

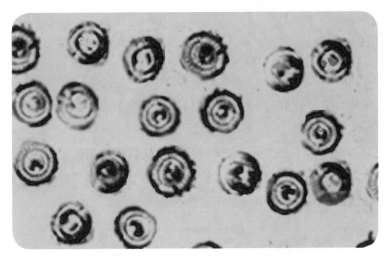

图6-3　病鱼镜检可发现在鱼体附着的车轮虫

3. 流行情况

车轮虫病流行于全国各养鱼区的养殖场,每年5~8月份鱼苗、鱼种常发生车轮虫病。当水温在25℃以上时,车轮虫大量繁殖,特别是水体中有机物含量高,即使低温也会有大量车轮虫繁殖,并常常和其他寄生虫一起使鱼形成并发症。

特别要注意鱼苗预防车轮虫病。鱼苗放养后10天左右容易出现此病,养殖期到1个月左右的夏花鱼种要十分警惕暴发车轮虫病,以免引起死亡。

车轮虫病流行比较广泛,危害多种鱼类,是养鱼中常见病、多发病之一。在初春、初夏以及越冬期较多,尤其是在养殖密度高、水质较肥的情况下更容易被感染。因此,对车轮虫病应积极提早做好预防工作。

车轮虫病须用显微镜进行检查确诊。

4. 防治方法

（1）要做好综合预防工作。放养前用生石灰按常规方法彻底清塘,鱼种放养前用 15~20 mg/L 高锰酸钾水溶液药浴 15 min,或用 8 mg/L 的硫酸铜水溶液药浴 15 min 消毒杀虫。同时保持良好水质,避免鱼体受到外伤。

（2）鱼苗在饲养 20 天左右时,应及时分塘,同时夏花在分塘时用高锰酸钾或硫酸铜进行药浴,以杀灭鱼体外的车轮虫。

（3）治疗可用食盐水按照 3% 的浓度浸洗病鱼 10~15 min。或用高锰酸钾,按照 20 mg/L 浓度,在水温 20~25 ℃时,浸洗 15~20 min,水温 25~30 ℃时,浸洗 10~15 min。

（4）治疗用 0.7 mg/L 浓度的硫酸铜、硫酸亚铁合剂（5:2）全池泼洒,病情严重的池塘,可连用 2~3 次。疗效显著。

二、波豆虫病

1. 病原

病原是鱼波豆虫。分类归于原生动物门肉鞭动物亚门动鞭毛纲动基体目波豆科的波豆虫属。

虫体呈梨形或卵形。腹面有 1 条纵的口沟,从口沟前端长出 2 条大致等长的鞭毛（图 6-4）。向后游离。圆形胞核大致位于虫体中部,胞核后有 1 个伸缩胞。虫体侧面观呈卵形或椭圆形,腹面观呈汤匙形。

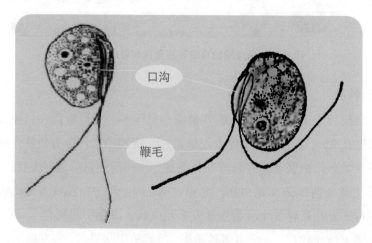

口沟

鞭毛

图 6-4 鱼波豆虫

2. 主要诊断症状

波豆虫主要侵袭鱼的皮肤和鳃部，当皮肤上大量寄生时，用肉眼仔细观察可辨认出暗淡的小斑点。皮肤上形成一层蓝灰色黏液，被鱼波豆虫穿透的表皮细胞坏死，细菌和水霉菌容易侵入，引起溃疡。感染的鳃小片上皮细胞坏死、脱落，使鳃丧失正常功能，呼吸困难，因此病鱼常游近水表呈浮头状。病鱼丧失食欲，游泳迟钝，漂浮水面，鳍条容易折叠甚至死亡。

当大量鱼波豆虫寄生在鲤鱼、金鱼等鱼的鳞囊内时，可引起鳞囊内积水，出现竖鳞症状。并且病鱼皮肤上有一层黏液（图6-5），使病鱼失去原有的光泽。

鱼波豆虫病要通过镜检与竖鳞病相区别。在显微镜下可以看到波豆虫虫体透明，内有细小颗粒，侧面呈梨形、卵形或椭圆形，大多数情况以其2根鞭毛插入鱼皮肤和鳃的上皮细胞，虫体能够上下、左右摆动。

波豆虫病病鱼出现竖鳞症状皮肤上有一层乳白色或灰蓝色的黏液

图6-5　患波豆虫病的病鱼

3. 流行情况

飘游鱼波豆虫的繁殖适宜温度是12~20℃，一般流行于春、秋两季。危害青鱼、草鱼、鲢鱼、鳙鱼、鲤鱼、鲫鱼、鲮鱼、金鱼等多种淡水鱼。鱼的年龄越小对该病越敏感，所以此病对幼鱼危害最大，甚至能引起幼鱼大量死亡，以鲤鱼和鲮鱼的鱼苗受害最为严重。北方在越冬后期，鱼体抵抗力下降时也常发生波豆虫病。

预防时首先要控制好水质。

4. 防治方法

（1）将水温调控在20℃以上，保持水温24~30℃，预防波豆虫病。

（2）浸洗治疗时用浓度 2%~3% 的食盐水浸洗病鱼 5~15 min，或用浓度 20 mg/L 的高锰酸钾，在水温 21~25℃时，浸洗病鱼 15 min 左右。

（3）全水体治疗病鱼用硫酸铜泼洒，浓度为 0.5~0.7 mg/L。

（4）病鱼池用硫酸铜与硫酸亚铁合剂（5:2）全池遍洒，浓度为 0.7 mg/L，疗效明显。

三、小瓜虫病

1. 病原

病原是多子小瓜虫。分类归于原生动物门纤毛亚门寡膜纤毛纲膜口亚纲膜口目凹口科的小瓜虫属。

虫体椭圆，形态多变，为一种较大型的原生动物。肉眼能见。除胞口四周外，体披等长而分布均匀的纤毛。胞口在体前端，具大、小核各 1 个。有伸缩泡（图 6-6）。

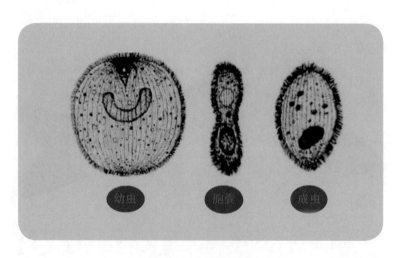

图 6-6　多子小瓜虫

2. 主要诊断症状

该病又称白点病。鱼类浸染上小瓜虫时，患病鱼体色发黑，消瘦，多数漂浮水面不游动或缓慢游动。不时在其他物体上摩擦。病鱼的体表、鳃部、鱼鳍上出现许多白色点状胞囊（图 6-7），体表黏液明显增多。严重时全身皮肤和鳍条满布着白点和盖着白色的黏液（图 6-8）。病鱼病灶部位组织增生，分泌大量黏液，白色小点连接成片，形成一层白色膜，鳞片易脱落，鳍条也容易裂开、腐烂。小瓜虫寄生在鳃上时，鳃部的黏液明显增多，鳃组织易被破坏，鳃损坏的病鱼经常呈浮头状。虫体寄生于眼角膜时，容易使鱼眼变瞎。

小瓜虫病鱼体上可见病灶的点状胞囊

图6-7　小瓜虫病病鱼体表可见白色点状胞囊并且鳍条破裂

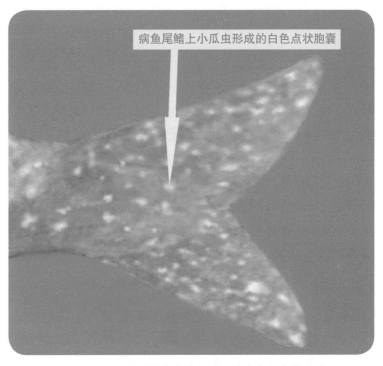

病鱼尾鳍上小瓜虫形成的白色点状胞囊

图6-8　小瓜虫病病鱼鱼鳍上出现许多白色点状胞囊

3. 流行情况

小瓜虫病是养殖鱼类常见病、多发病，从鱼苗到亲鱼都会患此病而大量死亡，对当年鱼种危害最为严重。小瓜虫病在我国各养鱼区均有发生，如不及时治疗，常常引起较大损失。

小瓜虫繁殖最适宜的水温在15~25℃，当水温降低到10℃以下和上升到28℃时，虫体发育会停止。因此，此病流行有明显的季节性，流行季节为每年的春季和秋季水温适于发病的期间，养殖中要注意控制水体条件。

此病传染速度很快，危害较大。

4. 防治方法

（1）工具使用时要进行消毒处理，用5%食盐水浸泡1~2天，以杀灭小瓜虫及其胞囊，并用清水冲洗后使用。

（2）治疗可在全水体泼洒亚甲基蓝溶液达到浓度2 mg/L，隔2~3天用药1次，痊愈为止。

（3）用3%浓度的食盐溶液浸浴病鱼10 min左右。

（4）每亩水深1 m，用姜粉100 g，辣椒粉250 g混合加水煮沸后全池泼洒。每天1次，连用2天。

（5）有条件的地方可以提高水温到28~30℃，小瓜虫便离开鱼体。这种寄生虫在没有宿主的情况下容易死亡。每隔1天给病鱼换入同温度的新水，直至鱼病痊愈。

四、斜管虫病

1. 病原

病原为斜管虫。分类归于原生动物门纤毛亚门动基片纲下口亚纲管口目斜管科斜管虫属。

斜管虫腹面观呈卵形。背面隆起，腹面平坦，背面除前端左侧有一横行刚毛外，其他部分均无纤毛。腹面左右两边具有若干条纤毛带。胞口在腹面前端，具漏斗状口管。大核1个，圆形，在体后。小核球形，在大核边或后面。伸缩泡1对，斜列于两侧（图6-9和图6-10）。

2. 主要诊断症状

斜管虫寄生在鱼的鳃及皮肤上，患病鱼食欲减退，消瘦，体色发黑。当斜管虫大量寄生在鱼体表及鳃上时，刺激鱼体分泌黏液（图6-11），影响呼吸，致使病鱼漂游水面，游动缓慢甚至死亡。斜管虫病常和其他寄生虫病并发，所以须用显微镜进行检查确诊（图6-12）。

3. 流行情况

斜管虫病在全国养鱼区均有发生，主要危害鱼苗、鱼种。当斜管虫大量寄生时，甚至引起病鱼死亡。斜管虫的适宜繁殖水温为 12~18℃，因此，该病的流行季节为初冬、春季和秋季。。当水质恶劣、鱼体质衰弱时，在夏季及冬季冰下也会发生斜管虫病，引起苗种大批死亡，甚至越冬池中的亲鱼也发生死亡，为北方越冬后期渔业重点防范的疾病之一。

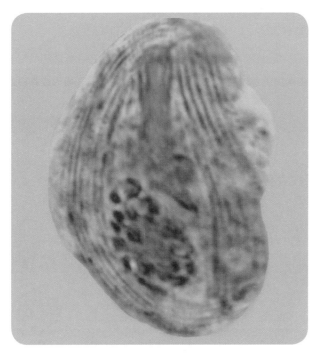

图 6-9　显微镜下染色斜管虫

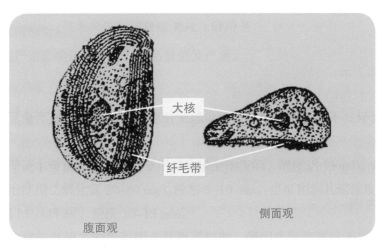

图 6-10　斜管虫腹面观和侧面观

图 6-11　斜管虫病病鱼鱼体发黑消瘦，斜管虫刺激鱼皮肤表面形成苍白或淡蓝灰色黏液

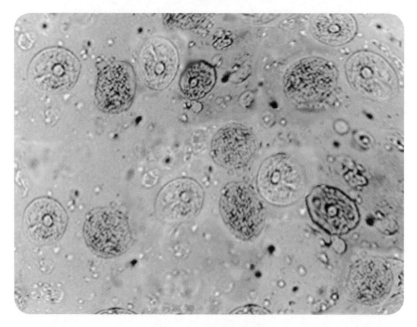

图 6-12　斜管虫种群

4. 防治方法

（1）放养前用生石灰彻底清塘，以杀灭底泥中的病原。

（2）苗种放养入池前，用浓度为 8 mg/L 的硫酸铜溶液浸洗 20~30 min。

（3）全池泼洒硫酸铜与硫酸亚铁合剂（5:2），浓度为 0.7 mg/L，隔 3 天 1 次。

（4）用浓度为 3 mg/L 的高锰酸钾溶液药浴 0.5~1 h，隔日重复 1 次。

五、碘泡虫病

1. 病原

病原是多种类碘泡虫。分类归于原生动物门黏体动物亚门黏孢子虫纲双壳目碘泡科碘泡虫属。

碘泡虫孢子卵形或椭圆形，扁平，前端有 2 个极囊，有的大小接近相等。碘泡虫有 1 个嗜碘泡（图 6-13）。

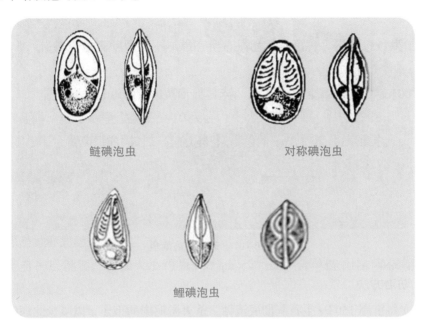

鲢碘泡虫　　　　　　　　　对称碘泡虫

鲤碘泡虫

图 6-13　几种主要鱼病碘泡虫

2. 主要诊断症状

病鱼一般形成肉眼可见的大胞囊，但有的胞囊很小（图 6-14）。碘泡虫如果寄生在肌肉内，致鱼体表高低不平或瘤状突起，可引起病鱼极度消瘦。碘泡虫病常见的症状是体表、鳍条上出现如粟米大小的乳白色胞囊，翻开鳃盖可以见到鳃丝上可能也有胞囊，鳃丝负担过重，使血液循环受阻。病鱼体色的鲜艳光泽度减低，有时在水中狂游。有的病鱼体质很差，游动速度很慢，甚至死亡。

碘泡虫侵袭鱼的神经系统和感觉器官时，除内脏器官发生病变外，鱼体也可能出现极度消瘦，头大尾小，脊柱向背部弯曲，形成尾部上翘，游动姿态反常等慢性症状。

3. 流行情况

碘泡虫病全国各地均有发生，危害大多数鱼类，特别是危害鱼苗、鱼种。5 月下旬至 8 月下旬为流行主要时间。

当碘泡虫在鱼体大量寄生时，可引发病鱼机体功能严重失调而死亡，特别是幼鱼的大量死亡。

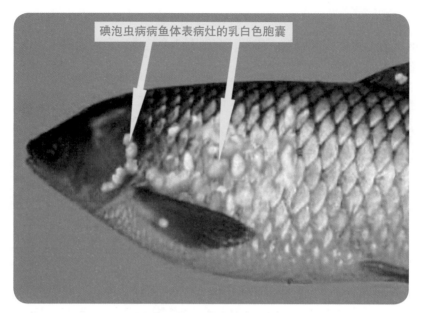

图 6-14　碘泡虫病病鱼

4. 防治方法

（1）每亩用 150 kg 生石灰彻底清塘，杀灭淤泥中的孢子，以减少此病的发生。坚持日常水体消毒，严防病区鱼池水、湖水或水库水体的碘泡虫进入养殖鱼的水体，避免外来感染。

（2）鱼种放养前，用浓度为 8 mg/L 的硫酸铜浸洗 20~30 min。

（3）治疗用渔用敌百虫全池泼洒，浓度达 0.3 mg/L，每日 1 次，5~8 min 之后换水，连用 3 天。

（4）用药饵投喂。在每千克饲料中加晶体敌百虫 1 g 或盐酸左旋咪唑 0.1~0.2 g，连喂 5~7 天。

六、三代虫病

1. 病原

病原是三代虫。分类归于扁形动物门吸虫纲单殖亚纲三代虫目三代虫科三代虫属。

三代虫前端有两个突起的头器，头腺一对，开口于头器的前端，口位于头器下方中央，下通咽。食道和两条盲管状的肠在体内两侧。体后端的固着器为固着盘，盘中央有 2 个大锚似的结构，由 2 条横组织相连，盘的边缘有 16 个小钩。三代虫用后固着器上的大锚和小钩固着在寄主的身上，前端的头腺分泌黏液，用以黏着在寄主体上和借以运动（图 6-15 和图 6-16）。

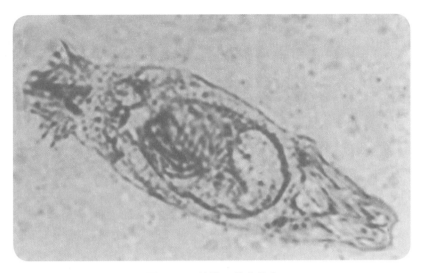

图 6-15　镜检三代虫染色

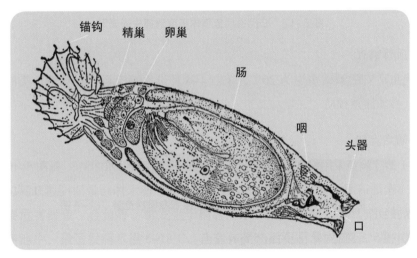

图 6-16　三代虫主要部位名称

三代虫是雌雄同体卵胎生。卵巢 2 个及精巢 1 个位于身体后部。卵巢的前方有未分裂的受精卵及发育的胚胎，在大胚胎内又有小胚胎，因此称为三代虫。

我国发现有 40 余种，主要致病虫种有鲩三代虫、鳙三代虫和秀丽三代虫等。由于三代虫具有卵胎生的特点，子代产出后，可在原寄主体表寄生，也可移离原寄主侵袭其他寄主。

2. 主要诊断症状

三代虫寄生于鱼的体表和鳃，刺激鱼体分泌过多黏液，夺取营养，使鱼的局部黏液增多，呼吸困难，体表无光，病鱼不安，时而急剧侧游，时而狂游，在水草丛中撞擦。鱼苗及小鱼种患病严重时，可引起鳃盖张开，越冬后的鲢鱼患病时，眼球凹陷，鳃上和体表大量三代虫可以密集成白色泡沫状小团，以致鱼体逐渐消瘦，严重时食欲减退，消瘦（图 6-17），游动缓慢，甚至死亡。

三代虫病鱼极度消瘦，鳃上和体表三代虫密集成白色泡沫状小团

图 6-17　三代虫病鱼鱼体极度消瘦失去光泽

3. 流行情况

三代虫适宜的繁殖水温为 20℃左右，4~6 月份比较流行。对养殖鱼类的鱼苗危害极大，必须注意预防。

4. 防治方法

（1）治疗病鱼采用浸洗法，用药为 20 mg/L 的高锰酸钾水溶液，每次 5~10 min。

（2）全池遍洒治疗采用渔用晶体敌百虫溶液，使水体药量浓度达 0.2~0.4 mg/L，5 min 之后换水。

（3）用 5% 食盐水浸洗病鱼 5 min 左右。

七、指环虫病

1. 病原

病原体是指环虫。分类归于扁形动物门吸虫纲单殖亚纲指环虫科的指环虫属。

指环虫为长圆形，前端有 4 个瓣状的头器，头部背面有 4 个眼点，在体后端腹面有一个圆形的固着盘，盘的中央有 2 个大锚，盘的边缘有 14 个小钩，口通常呈管状，口下接一圆形的咽及食管和分 2 支的肠（图 6-18 和图 6-19）。

指环虫为雌雄同体，有一个精巢和一个卵巢。

2. 主要诊断症状

指环虫病病鱼鳃组织被破坏，刺激鳃部分泌过多的黏液，妨碍呼吸，同时指环

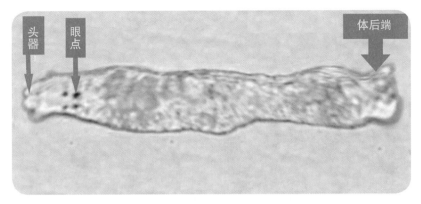

图 6-18　指环虫染色观察

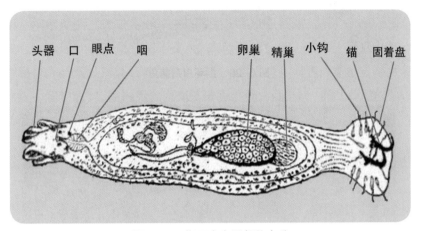

图 6-19　指环虫主要部位名称

虫吮吸鱼血、黏液等物质，造成鱼体贫血、消瘦。少量指环虫寄生在鱼鳃上时，病鱼初期外表症状不明显，后期严重感染指环虫时，鳃部显著肿胀，鳃盖张开，贫血（图6-20）。翻鳃观察可看见鳃上有乳白色虫体，鳃丝通常不鲜艳（图6-21）。有时病鱼急剧侧游，在水草丛中撞擦，或狂游，上下窜动，最后游动缓慢，呼吸困难，甚至体质衰竭死亡。

3. 流行情况

指环虫病危害多种淡水鱼，是鱼苗、鱼种阶段常见的寄生虫性鳃病。该病主要靠虫卵及幼虫传播，在我国各养鱼地区均有发生，流行于春末、夏初。

4. 防治方法

（1）生石灰带水清塘。每亩用生石灰 150 kg，杀灭指环虫，减少此病发生。

（2）用福尔马林药浴，用药浓度 200 mg/L，1 h 后大量换水，连用 3 天。

（3）治疗用渔用晶体敌百虫溶液，全塘水体用药浓度达 0.2~0.3 mg/L，药浴

病鱼鳃器官浮肿 鳃盖难以闭合

图 6-20　指环虫病病鱼

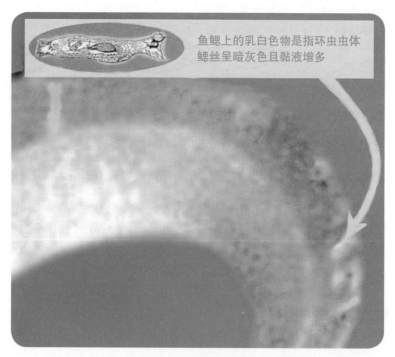

鱼鳃上的乳白色物是指环虫虫体 鳃丝呈暗灰色且黏液增多

图 6-21　指环虫病病鱼

5~7 min，之后大量换水。若病情严重，须隔 1 周全池再泼药 1 次。

（4）指环虫病在病发高峰区要全面做好预防工作，办法是将渔用晶体敌百虫全水体用药达 0.1 mg/L，每周 2 次，可取得较好效果。

八、单极虫病

1. 病原

病原是单极虫。分类归于原生动物门黏体动物亚门黏孢子虫纲双壳目单极虫科的单极虫属。

单极虫一般呈梨形，孢子狭长呈瓜子形，逐渐尖细，后端钝圆，缝脊直。壳面与缝面宽度相差甚少，横断面接近圆形。极囊 1 个，较大而明显，一般为孢子长度的 1/2，极丝一般形态是扭曲的扁带状。嗜碘泡 1 个（图 6-22 和图 6-23）。

常见的种类有鲮单极虫、鲫单极虫等。

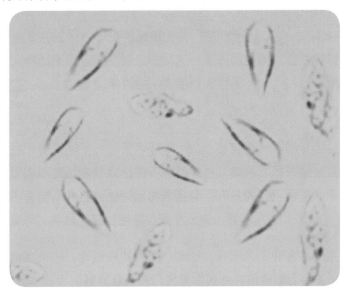

图 6-22 镜检单极虫

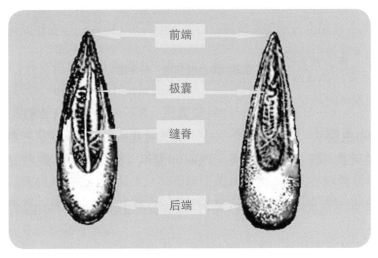

图 6-23 鲮单极虫

2. 主要诊断症状

单极虫寄生于鱼的体表和体内各器官，引起不同器官的病症。单极虫如果寄生在鲤、鲫等的鳞下，形成许多淡黄色大胞囊，寄生处的鳞片竖起（图6-24），严重时能引起病鱼死亡。单极虫如果寄生在鲤、散鳞镜鲤等的肠壁，会形成很多大胞囊突出于肠腔内，将肠管堵塞胀粗，肠壁变薄而透明，腹腔积水，肝脏颜色明显变白，患病的鱼一般会因组织受损和饥饿而死，即使不死也失去商品价值。

检查时取下少许胞囊，在玻片上加水轻压成薄片，用显微镜即可观察到单极虫。

单极虫病病灶胞囊

图6-24 单极虫病鱼身体中部病灶处的鳞下形成许多大胞囊并且鳞片竖起

3. 流行情况

单极虫病主要危害鲤鱼、鲫鱼、鲤鲫杂交种和鲮鱼等，病鱼在水边缓缓游动，全身鳞片竖起，失去商品价值。此病主要流行在长江流域。

4. 防治方法

（1）放养前用生石灰彻底清塘，每亩用生石灰150 kg，生石灰乳化后立即全池泼洒。以杀灭底泥中的病原虫。

（2）治疗用高锰酸钾充分溶解后，在10 mg/L浓度溶液中浸泡病鱼10~30 min，具体时间根据鱼的耐受力而定。

九、长棘吻虫病

1. 病原

病原体是长棘吻虫。分类归于棘头动物门古棘头虫纲多形目长棘吻科的长棘吻虫属。

长棘吻虫体呈圆柱状，体壁核小而多。体表棘通常分成两组，其中前端体棘环布于整个体表，而后端的仅限于腹面，其延伸程度雌性大于雄性。吻一般很长，棒状，具纵行吻钩 8~26 纵行，每行 8~36 个。吻腺通常细长。

2. 主要诊断症状

长棘吻虫虫体主要寄生于鲤鱼等的前肠肠壁上，以吻部钻入肠壁，躯干部游离于肠腔中，呈现慢性肠炎症状。但数量多时也延及全肠，或者虫体聚集成簇，严重时整个肠管都可能被虫体阻塞。长棘吻虫吻部牢固地钻在肠黏膜内，吸取鱼体的营养，使部分组织坏死并有时造成肠穿孔（图 6-25）。大量长棘吻虫寄生时。鱼体消瘦，不摄食，伴有贫血现象，离群独游，逐渐死亡。打开腹腔，从外部可见到肠组织发炎、部分组织出现坏死。打开肠道可见到大量长棘吻虫，肠黏膜严重病变。

长棘吻虫虫体寄生于鱼的肠壁上

图 6-25 长棘吻虫病鱼

3. 流行情况

长棘吻虫病主要危害鲤鱼等，从夏花至成鱼均可感染。病鱼一般在水边缓缓游动，一直到体质极度衰弱致死。长棘吻虫病在我国淡水鱼养殖中经常出现，地区分布也较广。

长棘吻虫病最流行的盛季是每年的 5~7 月份。病情严重时病鱼可呈现慢性死亡。

4. 防治方法

（1）预防方法是用生石灰清塘，150 kg/亩消灭水体中的虫卵和中间宿主。

（2）治疗方法是全池泼洒渔用 90% 晶体敌百虫，使水体中药物浓度达到 0.4 mg/L，5~10 min 之后换水。

十、杯体虫病

1. 病原

病原是杯体虫。分类归于原生动物门纤毛亚门寡膜纤毛纲缘毛亚纲缘毛目累枝科的杯体虫属。

杯体虫体呈杯状,前端粗,有 1 个圆盘形的口围盘。四周有 3 层口缘膜,缘膜由纤毛构成,口围盘内有 1 个左转的口沟,缘膜中间的 2 圈,沿口沟两边随口沟环绕,外面一圈为波动膜。虫体有 1 个大核。小核在大核之侧呈细长的棒状。体后端有 1 个附着盘,具有弹性纤维丝(图 6-26 和图 6-27)。

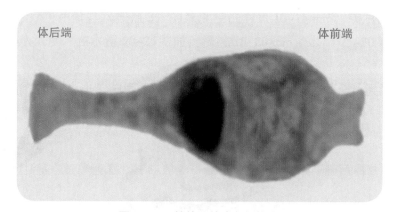

图 6-26　镜检下的染色杯体虫

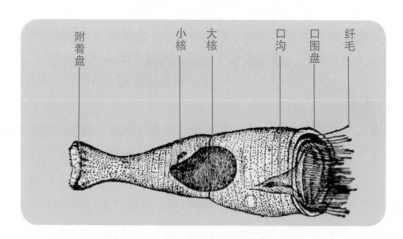

图 6-27　筒形杯体虫各主要部位名称

2. 主要诊断症状

杯体虫附着在鱼的鳃或皮肤上(图 6-28),如果是幼鱼被附着的虫体数量很多,鱼的呼吸就受到妨碍,同时严重骚扰、影响鱼的正常生长,病鱼成群缓慢游动,正

杯体虫附着在病鱼各处使鱼体似有一层毛状物

图6-28　长吻鮠苗种杯体虫病鱼，杯体虫附着在鱼的鳃、皮肤及其他处

常生理活动受限，使鱼体逐渐瘦弱，严重时可引起死亡。

此病需要用显微镜检查病鱼确诊。

3. 流行情况

杯体虫能寄生于各种淡水鱼，全国各地养鱼地区均有发现。长江流域此病常见，主要危害长吻鮠苗种。

此病一年四季都能发生，以夏、秋两季最流行。

4. 防治方法

（1）放养前用生石灰清塘，每亩用生石灰 150 kg，生石灰乳化后立即全池遍洒。

（2）预防办法是鱼的苗种放养前用 1% ~2% 盐水浸浴 2~5 min。

（3）治疗病鱼用 8 mg/L 的硫酸铜溶液浸洗 30 min。

（4）治疗用硫酸铜和硫酸亚铁合剂（比例为 5:2）全池泼洒。使水体药物浓度达到 0.7 mg/L。

十一、毛管虫病

1. 病原

病原是毛管虫。分类归于原生动物门纤毛亚门动基片纲吸管亚纲吸管目枝管科的毛管虫属。

毛管虫虫体形状不定，有长形、卵形或圆形等。身体的一端具有 1 束放射状的吸管，吸管之末端膨大成球棒状。但也有不只一端长有吸管的种类。毛管虫具大核 1 个，呈棒状或香肠状，内有核内体。小核 1 个，在大核之侧。虫体具伸缩泡 3~5 个（图 6-29）。

毛管虫成虫主要以内出芽方式繁殖，胚芽从母体上出来后，为自由生活的纤毛

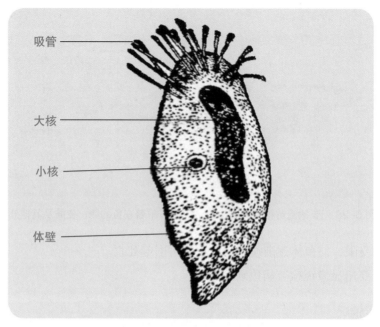

图 6-29　毛管虫主要部分名称

虫，虫体上有 2~3 行纤毛，体内有大核和小核。幼虫活泼游动，侧面观似小碟，正面观圆形，中间凹入，与寄主接触后即在适宜部位固着，纤毛消失，长出吸管发育为成虫，在寄主身上营寄生生活。

2. 主要诊断症状

毛管虫是侵袭鱼鳃的病原体，幼虫在水中游动时，如遇到鱼就寄生在鳃瓣上，把身体延长，伸入鳃丝的缝隙里，有吸管的一端露在外面，破坏鳃组织。大量寄生时，严重妨碍鱼的呼吸，影响鱼的生长发育，能引起病鱼死亡（图 6-30）。

由于毛管虫病发病初期没有特殊症状，少量毛管虫寄生不会引起病鱼死亡，虫体又较小，必须用显微镜检查，方法是剪下部分鳃丝或刮取表皮，压成薄片，在显微镜下观察即可确诊。

3. 流行情况

毛管虫病以幼虫自行传播。毛管虫主要寄生在草鱼、青鱼、鲢鱼、鳙鱼、鲮鱼、鲤鱼、鲫鱼、团头鲂鱼、加州鲈鱼、鳜鱼等多种淡水鱼的鳃上，主要危害各类鱼的夏花和越冬的鱼种。全国各养鱼地区都有毛管虫病的发生，特别在长江流域的水产养殖场更容易出现此病，每年 6~11 月份最为流行。

4. 防治方法

（1）彻底清塘。池塘放养前用生石灰乳化后立即全池遍洒，每亩用生石灰

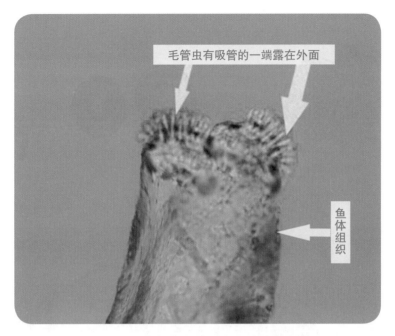

毛管虫有吸管的一端露在外面

鱼体组织

图 6-30 寄生在鳃组织上的毛管虫压片图

150 kg。

（2）鱼种在放养以前用 8 mg/L 的硫酸铜溶液洗浴 30 min。

（3）出现病鱼的池塘，用硫酸铜和硫酸亚铁合剂（比例 5:2）全池泼洒，药物浓度达 0.7 mg/L。

十二、肤孢虫病

1. 病原

病原是肤孢虫。分类归于原生动物门囊孢子虫亚门星孢子纲单孢子亚纲孔盖孢子目单孢科的肤孢子虫属。

肤孢虫孢子圆球形，较小，直径 4~14 μm。外有一层透明膜，内有一个大的折光体，圆形，在孢子内偏中心的位置上。孢质内往往散有一些大小不定的胞内含物。因种类的不同，可产生不同形状的胞囊，如带状、香肠状或盘曲成一团的线形（图 6-31）。

胞囊内含有大量的孢子。

2. 主要诊断症状

患病鱼体发黑消瘦，被寄生处的皮肤发炎、溃烂。

肤孢虫寄生处大多呈椭圆形凹陷，胞囊周围的组织充血。在草鱼、鲤鱼等鱼体表寄生的肤孢虫，为盘卷成团的线状胞囊（图 6-32），严重病鱼全身都有分布，严

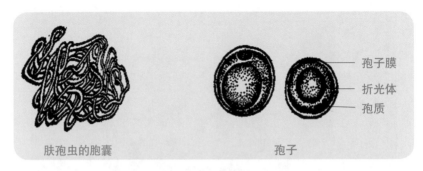

肤孢虫的胞囊　　　　孢子

图 6-31　肤孢虫

头部及身体病灶处有明显胞囊

图 6-32　肤孢虫病病鱼

重感染的病鱼，往往会引起死亡。

3. 流行情况

肤孢虫病主要危害各类鱼的夏花和越冬的鱼种。肤孢虫仅需鱼类作为宿主，裂殖生殖。全国各地养鱼区都有此病。

每年 6~11 月份此病最为流行。

4. 防治方法

（1）对病鱼要隔离，对发生鱼病的鱼塘要进行彻底消毒，杀灭孢子等病原体。

（2）全池遍洒晶体敌百虫，药量达 0.4 mg/L，5~8 min 后换水，每日 1 次，连用 3 天。

（3）用高锰酸钾充分溶解后，制成 5 mg/L 溶液浸泡病鱼 30 min。

十三、复口吸虫病（双穴吸虫病）

1. 病原

病原体是复口吸虫（双穴吸虫）的尾蚴和囊蚴。复口吸虫分类归于扁形动物门吸虫纲复殖亚纲复殖目双穴科的一属。

复口吸虫的尾蚴可以通过鱼鳃或口腔等部位侵入鱼体后，脱去尾部转变为囊蚴（图6-33）。复口吸虫的囊蚴体前部有口吸盘、腹吸盘，后体很小。

复口吸虫病的传染源是水鸟，传播媒介是椎实螺。

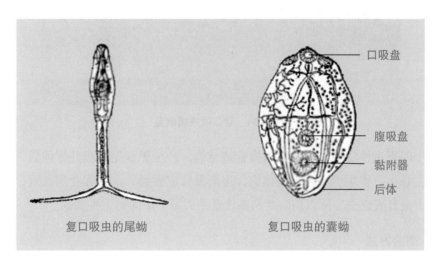

复口吸虫的尾蚴　　　　复口吸虫的囊蚴

图6-33　复口吸虫

2. 主要诊断症状

复口吸虫病又叫双穴吸虫病、白内障病、瞎眼病，是由复口吸虫（双穴吸虫）的尾蚴侵入鱼体，在鱼眼内发育为囊蚴引起的寄生虫病。危害多种淡水鱼。此病分急性感染和慢性感染。急性感染是由尾蚴造成神经系统和循环系统破坏，病鱼在水中挣扎，眼眶部脑区充血，短期内出现死亡。慢性感染是尾蚴进入鱼眼球水晶体后发育，引起水晶体混浊，严重时水晶体脱落变成瞎眼（图6-34）。病鱼头部脑区和眼眶周围呈明显的充血现象。病鱼有时卧于水面，或倒立水中，短期内即可出现大批死亡。

3. 流行情况

此病能造成鱼苗、鱼种大批死亡，尤以鲢鱼、鳙鱼、团头鲂鱼、虹鳟鱼的苗种受害最为严重。主要流行季节是春、夏季。

复口吸虫的成虫寄生在水鸟的肠道中，排出的卵随粪便落入水中，孵化出毛蚴，

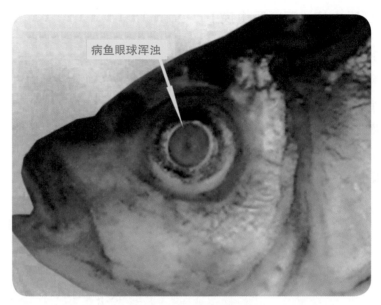

图 6-34　复口吸虫病病鱼

遇第一中间寄主椎实螺，在其体内发育成胞蚴，产生无数尾蚴离开螺体后，遇第二中间寄主鱼类。寄生于鱼眼水晶体内，逐渐发育成囊蚴，水鸟吞食病鱼后，囊蚴在其肠道中发育成成虫。所以预防此病要注意杀灭第一中间寄主椎实螺。

4. 防治方法

（1）鱼苗、鱼种下塘前彻底清塘消毒，杀灭第一中间寄主椎实螺。

（2）发病鱼池每立方米水体用 0.7 g 硫酸铜全池遍洒，24 h 内连续施药 2 次，杀死椎实螺。

（3）杀灭水中的尾蚴，每立方米水体中放晶体敌百虫 0.3~0.5 g，泼药 1~2 次。

十四、隐鞭虫病

1. 病原

病原是隐鞭虫。隐鞭虫分类归于原生动物门肉鞭动物亚门动鞭毛纲动基体目波豆科的隐鞭虫属。

隐鞭虫体呈叶状，具有 2 根鞭毛，一根朝前，游离，另一根部分地贴近虫体，但不形成典型的波动膜。体有微形表膜。在身体沿膜的基部分布有折光小体，动核细长或稍微弯折。寄生于无脊椎动物及鱼类。

隐鞭虫有许多种对鱼有害，主要有鲤隐鞭虫、鳃隐鞭虫、颤动隐鞭虫、青鱼隐鞭虫、鲂隐鞭虫等。例如，鳃隐鞭虫虫体形状似一柳叶，鞭毛一根向前称为前鞭毛，一根向后称后鞭毛，游离时，后鞭毛伸出体外像一条尾巴。隐鞭虫多用后鞭毛插入鱼鳃等组织内寄生（图6-35）。

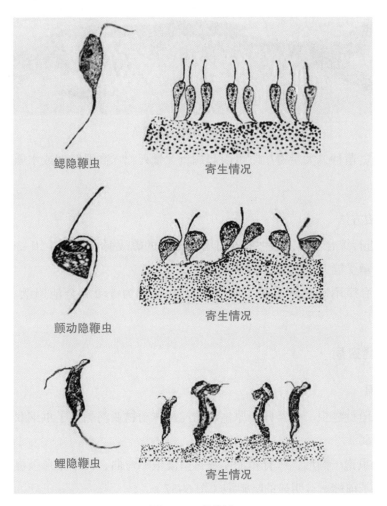

鳃隐鞭虫

寄生情况

颤动隐鞭虫

寄生情况

鲤隐鞭虫

寄生情况

图6-35　隐鞭虫

2. 主要诊断症状

病鱼体发黑，消瘦，游动迟钝。隐鞭虫寄生于鳃部时，鳃丝红肿，刺激鳃组织分泌过多的黏液，妨碍呼吸，黏液增多，同时鳃上皮细胞被破坏，往往并发细菌性疾病而死亡。寄生于体表时，体表黏液增多，鱼体不安，生长速度缓慢，逐渐消瘦（图6-36）。以致病鱼游动缓慢、呼吸困难、体表黏液增多、不吃食而死。

隐鞭虫虫体很小，一般须用高倍显微镜检查确诊。

3. 流行情况

隐鞭虫寄生在鲤鱼、草鱼、鲮鱼、鲫鱼、鳊鱼等多种淡水鱼的鳃及皮肤上，主

隐鞭虫病病鱼体发黑，体表黏液增多逐渐消瘦

图 6-36　隐鞭虫病病鱼

要危害夏花、苗种，大量寄生时可引起病鱼大批死亡。高温时期或水质不良的情况下危害更大。

4. 防治方法

（1）进行综合预防，鱼种放养前用 8 mg/L 的硫酸铜溶液药浴 10~30 min。具体时间看鱼的承受能力而定。

（2）治疗用硫酸铜和硫酸亚铁合剂（比例为 5:2）全池遍洒，达到浓度为 0.7 mg/L。

十五、旋缝虫病

1. 病原

病原是鲢旋缝虫。分类归于原生动物门黏体动物亚门黏孢子虫纲双壳目旋缝虫科的旋缝虫属。

鲢旋缝虫孢子圆形，缝脊粗而明显，呈波浪形弯曲，两个梨形极囊呈"八"字形排列于孢子前端。有明显的嗜碘泡（图 6-37）。

2. 主要诊断症状

鲢旋缝虫寄生在鲢鱼的肌肉、皮下、鳃盖、眼眶周围、皮肤、鳍基部及肾脏等处，

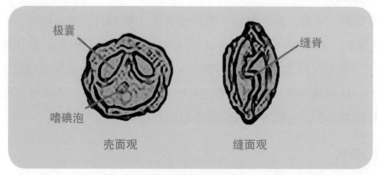

极囊

缝脊

嗜碘泡

壳面观　　缝面观

图 6-37　鲢旋缝虫的壳面观和缝面观

主要危害 2 龄鲢鱼，病鱼瘦弱，眼球突出，体表两侧、头及鳍基部有块状或粒状突起（图 6-38），严重时引起病鱼死亡。解剖病鱼，可在肌肉中见到许多淡黄色、大小不一的粒状节结。

旋缝虫病要用显微镜检查胞囊中的孢子，加以确诊。

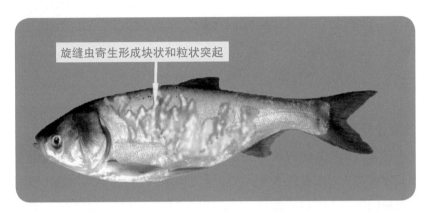

旋缝虫寄生形成块状和粒状突起

图 6-38　旋缝虫病鲢鱼体表两侧、肌肉、皮下、鳃盖、眼眶周围被旋缝虫寄生

3. 流行情况

旋缝虫病主要发生于白鲢成鱼中，2 龄左右的白鲢最容易患病，鱼体瘦弱，病情严重的逐渐死亡。一般发生在 6~8 月份，水温 25~28℃ 最易流行此病。

4. 防治方法

（1）彻底清塘消毒，杀灭淤泥中的孢子。

（2）预防用 4% 碘液拌饵喂鱼。连续 3 天。

（3）用高锰酸钾充分溶解后，以药物浓度 15 mg/L 的溶液，浸洗病鱼 20~30 min。

十六、球孢虫病

1. 病原

病原是球孢虫。归于原生动物门黏体动物亚门黏孢子虫纲双壳目球孢虫科的球孢虫属。

球孢虫的孢子常为球形，缝线较平直。外壳包围着一层薄膜，表面有许多条饰，两个梨形的极囊在缝脊两侧，壳上有条纹或在壳片的后端具膜状突，不具嗜碘泡（图 6-39）。靠在寄主的组织寄生或体腔寄生生存。本属在我国淡水鱼类寄生的种类已知的有十几种，它们寄生于鲤鱼、草鱼、青鱼、鲶鱼、鲮鲅鱼、鲴鱼、鳜鱼等鱼的鳃、体表、膀胱及输尿管等处。

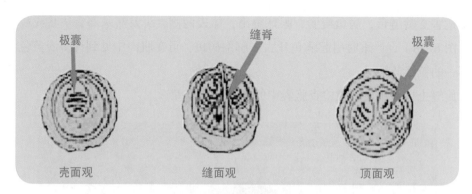

图 6-39　鳃丝球孢虫

2. 主要诊断症状

　　球孢虫危害最重的是鳃丝球孢虫、鲩球孢虫等，鳃丝球孢虫在鳙鱼、鲤鱼、金鱼等的鳃或体表寄生，在金鱼体表形成如同芝麻大小的白色点状胞囊（图 6-40），但在鳙、鲤鱼的鳃丝上不形成胞囊，呈扩散状分布。鳃丝受虫体侵袭，影响其呼吸功能，病情严重可以导致死亡。

3. 流行情况

　　球孢虫病主要侵袭草鱼、青鱼、鲢鱼、鳙鱼、鲤鱼、鲫鱼、金鱼等苗种的体表或鳃组织，严重时影响呼吸，引起死亡，我国南方各省鱼苗鱼种饲养阶段常见此病，成为预防重点。

4. 防治方法

　　（1）用 90% 晶体敌百虫全池泼洒，水中药量达到 0.2 mg/L。

图 6-40　球孢虫病病鱼

（2）对寄生于鳃瓣上的球孢虫，用2%食盐水浸洗30 min，每天1次，连续2~3次。

十七、两极虫病

1. 病原

病原是两极虫。分类归于原生动物门黏体动物亚门黏孢子虫纲双壳目两极虫科的两极虫属。

两极虫孢子椭圆形，两端稍尖，两极囊圆形，大小相等，相对列于孢子体的两端，占孢子体的大部分。缝线平直，无嗜碘泡（图6-41和图6-42）。

2. 主要诊断症状

两极虫寄生部位有鱼的肾、胆囊、肠、肝脏及鳃等器官，但鳃丝内最容易受到

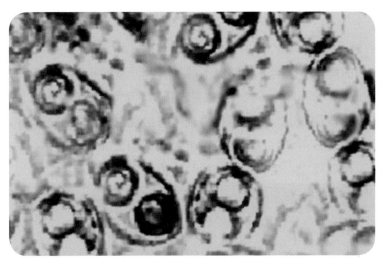

图6-41　显微镜下的两极虫

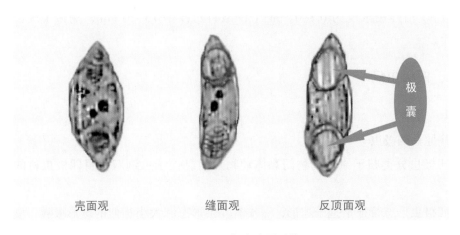

壳面观　　　　　缝面观　　　　　反顶面观

图6-42　两极虫孢子形状

感染，尤其是鳗鱼受危害最重。常引起鳗鱼鳃部红肿出血，黏液增多。患病鳗鲡摄食减少，生长缓慢，呼吸困难。体表形成许多肉眼可见的白色点状隆起，严重感染时，白点连成片（图6-43）。有的鳃瓣上可见芝麻大小的白点，鳃肿胀，鳃小片弯曲、充血或贫血。剖开腹部，可见到两极虫寄生在各处，寄生在肾脏等处会造成器官肿胀。

病鱼体表病灶出现明显的致密白点甚至连成片

图6-43　鳗鲡两极虫病病鱼

3. 流行情况

鳗鲡发病的群体，多为3月龄以下的幼鳗鲡，发病初期体表无明显病症，鳃丝鲜红、出血，有的有增生或溃烂，黏液明显增多。内脏器官无明显病变。临床表现呼吸困难、食欲减退。发病后期出现体表出现白点、破损等病症。两极虫病在我国广东、福建、浙江、江苏等省的养鳗场均有发生。流行水温为20~30℃。被感染鳗鲡可出现死亡，生长发育和商品价值也受到严重影响，再加之感染率可达80%~90%，危害较为严重。

4. 防治方法

（1）预防用生石灰彻底干法清塘，150 kg/亩，能杀灭池塘底层孢子。

（2）治疗用浓度为1~2 mg/L的硫酸铜浸浴24 h。

（3）治疗用浓度为0.3~0.5 mg/L的敌百虫浸浴15~20 min，隔天1次，连续3~5次。

十八、四极虫病

1. 病原

病原是四极虫。

四极虫分类归于原生动物门黏体动物亚门黏孢子虫纲双壳目四极虫科的四极虫属。

四极虫形态特征是孢子球形，一端有4个形态和大小相似的球形极囊，紧位于前端。无嗜碘泡，缝脊直，壳片有8~10条与缝脊平行的雕纹（图6-44）。

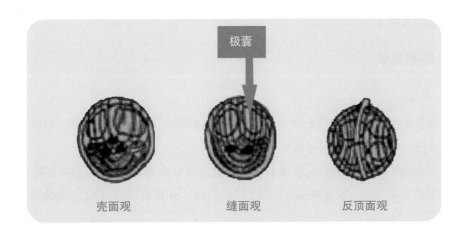

图 6-44 四极虫孢子形状

2. 主要诊断症状

白鲢鱼最容易患四极虫病，患四极虫病的白鲢体躯消瘦，有的体色发黑，眼圈出现充血现象或眼球稍突出，鱼腹和鳍基部变成黄色（图 6-45），有的病鱼与水霉病或斜管虫病并发，造成大批死亡。

图 6-45 四极虫病鲢鱼极为消瘦，腹部侧下方和鳍基部呈淡黄色

3. 流行情况

四极虫主要侵袭鲢鱼胆囊，使胆功能失常，能造成大规模死亡。

4. 防治方法

（1）彻底清塘，放养前每亩用生石灰 150 kg，乳化后立即全池遍洒，以杀灭塘底淤泥中的孢子，预防此病发生。

（2）治疗此病全水体泼洒敌百虫使药物浓度达到 0.3 mg/L，每日 1 次，5~8 min

之后换水，连用 3 天。

十九、尾孢虫病

1. 病原

病原是尾孢虫。分类归于原生动物门黏体动物亚门黏孢子虫纲双壳目碘泡虫科的尾孢虫属。常见的有巨型尾孢虫等。

尾孢虫孢子圆形、卵形或纺锤形。有极囊 2 个。由壳片向后部延伸出两条尾突。孢子本体长 8~17 μm，宽 4~9 μm。尾长 12~16 μm。壳片有时有花纹之类的结构（图 6-46）。

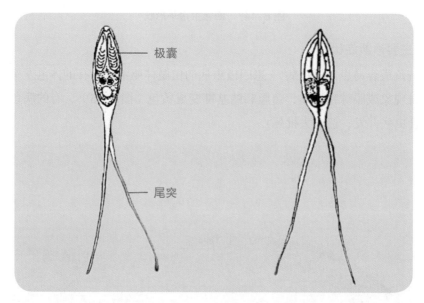

图 6-46　尾孢虫

2. 主要诊断症状

尾孢虫主要寄生在鳜鱼、乌鳢鱼等多种淡水鱼的鳃和鳔等器官上，特别易侵袭鱼鳃，病鱼体瘦弱发黑（图 6-47），病鱼鳃丝间出现不同形状的胞囊，引起鳃充血、溃烂，胞囊淡黄色，近圆形，大小不一（图 6-48），可引起大批死亡。

确诊时可以取下胞囊压片，在显微镜下鉴别虫体。

3. 流行情况

尾孢虫大量寄生时可引起病鱼大批死亡。水质不好时更容易发病。5~7 月最为流行，此期间更应控制好水质预防尾孢虫病。

图 6-47　患尾孢虫病的鳜鱼

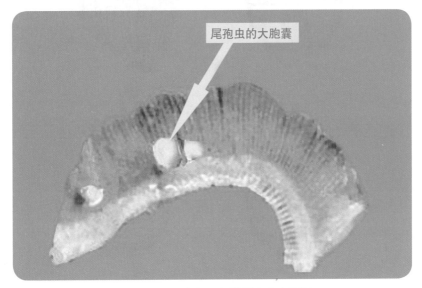

图 6-48　病鱼鳃丝间的尾孢虫大胞囊

4. 防治方法

（1）放养前彻底清塘，每亩用生石灰 150 kg，将生石灰乳化后立即全池遍洒。

（2）用硫黄粉按照 1.5 g/kg 体重鱼拌饵投喂，每天 1 次，连喂 4 天。

（3）用 20 mg/L 高锰酸钾溶液药浴 15~30 min（鳜鱼对药物比较敏感，浸洗时注意观察耐受力）。

二十、半眉虫病

1. 病原

病原是半眉虫。分类归于原生动物门纤毛动物亚门动基片纲裸口亚纲侧口目裂口虫科的半眉虫属。

半眉虫虫体呈纺锤形，卵形或圆形。体右侧分布有均匀一致的纤毛，但左侧完全裸露。胞口裂缝状，位于体的左侧。大核2个，卵形，两大核之间有1个球形小核。具伸缩泡。

对鱼危害较大的有巨口半眉虫和圆形半眉虫等（图6-49）。

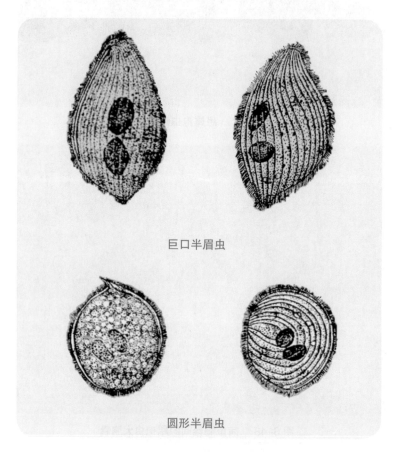

巨口半眉虫

圆形半眉虫

图6-49　巨口半眉虫和圆形半眉虫

2. 主要诊断症状

半眉虫主要寄生在鱼鳃上，也可以寄生在鱼体上。虫体本身分泌黏液把身体包围形成胞囊，黏附在鳃或其他组织上（图6-50）。一般需要镜检确诊。

3. 流行情况

半眉虫寄主广泛，尤其是草鱼、鲢鱼、鳙鱼等夏花苗种比较常见。当水质不好时更容易发生半眉虫病，所以，控制此病的流行也要通过控制水质达到控制半眉虫的滋生。

图 6-50　半眉虫病病鱼的鳃

4. 防治方法

（1）预防方法是放养前用生石灰清塘，每亩用生石灰 150 kg，生石灰乳化后立即全池遍洒。

（2）治疗用硫酸铜和硫酸亚铁合剂（5 : 2）全池遍洒。使药物浓度达到 0.7 mg/L。

二十一、艾美虫病

1. 病原

病原是艾美虫。分类归于原生动物门顶复动物亚门孢子纲球虫亚纲真球虫目艾美虫科的艾美虫属。

艾美虫孢子囊含有 4 个孢子，每个孢子内含 2 个传染性的子孢子。艾美虫在发育过程中，均可产生卵囊，有椭圆形、圆形或卵圆形，外面包着两层卵囊壁，一端具有卵孔（图 6-51）。

2. 主要诊断症状

艾美虫病又叫球虫病。艾美虫大量寄生在病鱼的前肠时，引起前肠变粗，肠壁上有许多白色小结节（图 6-52），周围充血发炎，严重的病鱼，肠内壁腐烂穿孔（图 6-53），鳃瓣贫血，病灶附近组织也引起溃烂。严重时均可引起病鱼死亡。大量寄生在肾脏，引起部分鳞片竖起，腹部膨大，有腹水，突眼，最后严重贫血而死。

确诊须用显微镜进行检查。

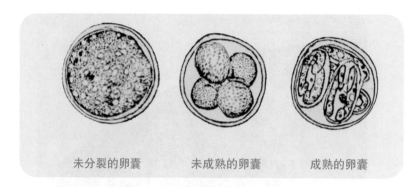

未分裂的卵囊 　　　　未成熟的卵囊 　　　　成熟的卵囊

图 6-51　艾美虫卵囊的各期发育形态

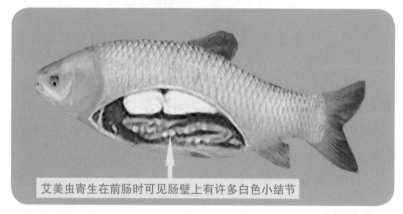

艾美虫寄生在前肠时可见肠壁上有许多白色小结节

图 6-52　艾美虫大量寄生在病鱼的前肠时，引起前肠变粗，周围充血发炎

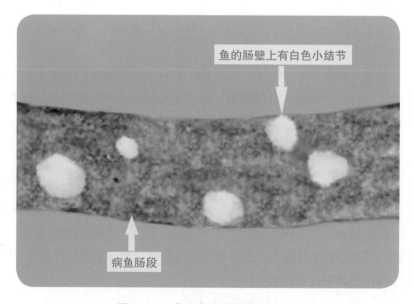

鱼的肠壁上有白色小结节

病鱼肠段

图 6-53　艾美虫病病鱼的肠壁

3. 流行情况

艾美虫病流行地区分布比较广泛，寄生大部分淡水鱼，特别是青鱼、鲢鱼、鳙鱼受害严重。被侵害的有鱼苗、鱼种到成鱼。艾美虫寄生的器官，主要是肠管，其次是肾、肝、胆囊、性腺。青鱼艾美虫主要寄生在肠壁危害1足龄青鱼，鲢、鳙鱼主要寄生在肾脏等处，对肾脏危害严重。

4. 防治方法

（1）进行综合预防，生石灰清塘消毒，每亩用生石灰150 kg，生石灰乳化后立即全池遍洒。

（2）治疗用硫黄粉拌饲料投喂，用药量1g/kg体重鱼，连喂4天。

（3）治疗用碘拌饲料投喂，用药量2.4 g/kg体重鱼，连喂4天。

二十二、双身虫病

1. 病原

病原是双身虫。分类归于扁形动物门吸虫纲单殖亚纲的双身虫科。

双身虫成虫体呈X形，为2个幼体并合而成，这两个幼体变成一个不可分割的个体，最后发育而为X形的虫体（图6-54）。双身虫分为体前段与体后段两部分。后吸器在体后段，成体具口腔吸盘1对。肠单管，不分叉，但在前体分出许多侧枝，而呈网状（图6-55）。

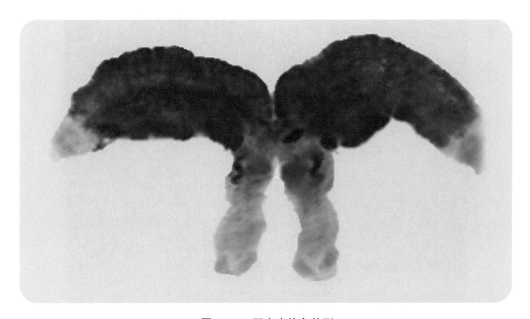

图6-54　双身虫染色外形

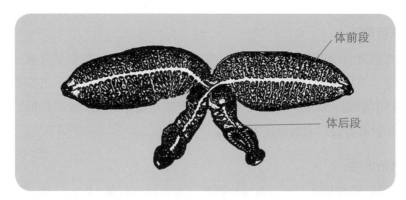

图 6-55　双身虫

2. 主要诊断症状

双身虫寄生在鱼类体表和鳃上，寄生在鳃夹膜上，虫体前端可伸出鳃外。双身虫吸食鱼血，当虫体吸满鱼血时，虫呈黑色。大量寄生时，可引起鳃上有大量黏液，鳃出血及严重贫血，引发鳃部发炎、缩折及流血（图 6-56）。病情严重时病鱼会头朝上不停冲出水面，呼吸困难而死。

3. 流行情况

多种淡水鱼的鳃上都可能有双身虫寄生，大量寄生时，可引起病鱼大批死亡。主要是成鱼受害。

双身虫病鱼鳃上有大量黏液鳃出血并且发炎

图 6-56　双身虫病鱼鳃上发炎状况

4. 防治方法

（1）治疗采用渔用90%晶体敌百虫全养鱼池遍洒，浓度为0.4 mg/L，5 min之后换水。

（2）用硫酸铜和硫酸亚铁合剂（5：2）溶液在水体中遍洒，达0.7 mg/L，每天1次，连用2次。

（3）用15‰食盐溶液浸浴治疗。时间在3~10 min，依鱼的耐受力而定。

二十三、嗜子宫线虫病

1. 病原

病原是嗜子宫线虫。分类归于线形动物门线虫纲所辖的嗜子宫线虫属。

嗜子宫线虫呈筒形，两端尖细，体表分布着许多透明的乳头，口简单，无唇片，食道较长，由肌肉与腺体混合组成。雌虫体长，卵巢2个，位于虫体两端（图6-57）。雄虫个体小。

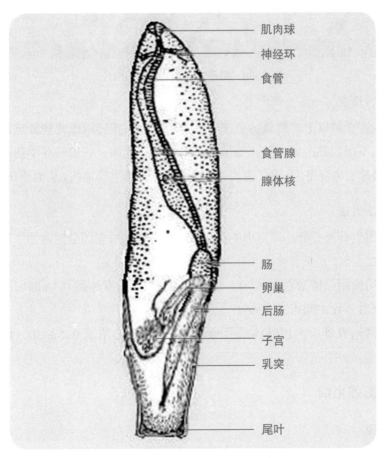

图6-57　鲤嗜子宫线虫雌虫结构模式图

2. 主要诊断症状

病鱼被雌虫寄生的部位，可以看到血红色的细长线虫，寄生处鳞片竖起，寄生部位充血、发炎（图6-58），这种寄生患处常常引起水霉菌滋生而形成并发症，严重时造成病鱼死亡。

嗜子宫线虫病的虫体可以在鳞片下吸取鱼的营养，并破坏皮下组织，使鳞囊胀大，鳞外松散，竖起，有时导致鳞片脱落

图 6-58　嗜子宫线虫病病鱼的病灶

3. 流行情况

主要危害2龄以上的鲤鱼，全国各地都有发生。亲鲤因患此病影响性腺发育，严重时往往不能成熟产卵。长江流域一带容易流行此病，一般是冬季初始感染，这时虫体在鳞片下出现寄生，到了春季水温升高后，虫体生长加快，从而使鱼病情加重。

4. 防治方法

（1）用生石灰清塘，每亩用生石灰150 kg，乳化后立即全池遍洒。以杀灭幼虫和中间宿主。

（2）用渔用晶体敌百虫（90%）全水体遍洒，浓度达到0.4 mg/L，15~20 min后换水，同时杀死中间寄主水蚤。

（3）网箱养鲤用渔用晶体敌百虫（90%）泼洒，浓度0.2 mg/L，每天1次，连用3天。

二十四、肠袋虫病

1. 病原

病原是肠袋虫。分类归于原生动物门纤毛亚门动基片纲前庭亚纲毛口目肠袋科的肠袋虫属。

肠袋虫体呈卵圆形或后端窄，前端加宽。伸缩泡1个或多个。全身覆盖着纵列的纤毛（图6-59）。繁殖方式为横二分裂或接合生殖。

对鱼类危害较大的有鲩肠袋虫、多泡肠袋虫、华鲮肠袋虫等。

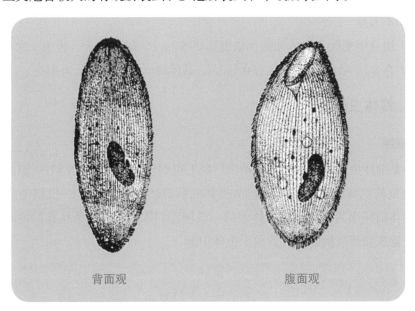

图6-59　鲩肠袋虫

2. 主要诊断症状

肠袋虫主要寄生在鱼的后肠。当鱼发生肠炎时，当有大量的肠袋虫寄生，会加速肠炎病的恶化（图6-60）。

图6-60　肠袋虫病病鱼

3. 流行情况

肠袋虫分布地区很广。肠袋虫在鱼体内以红血球、细胞碎片、细胞残渣等为食，圆形的包囊随粪便排出，被新宿主吞食而致感染。控制好水质是预防此病的关键。

4. 防治方法

（1）用亚甲基蓝全水体泼洒，浓度达 2~5 mg/L，隔 1~2 天，再泼 1 次。

（2）在 0.7%~1% 盐水中药浴 0.5~2 h，具体时间看鱼的耐受力而定。

二十五、锥体虫病

1. 病原

病原是锥体虫。分类归于原生动物门鞭毛虫纲动基体目锥体虫科的锥体虫属。

锥体虫的虫体呈狭长的叶状，从虫体的后部的基粒中长出一根鞭毛，沿着身体表面向体前伸出叫前鞭毛。沿体表的一段鞭毛和体表构成一条狭长的波动膜（图 6-61）。胞核卵形或椭圆形，约位于虫体中部。

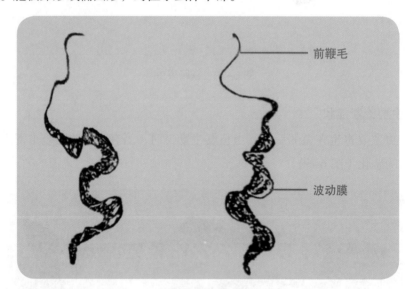

前鞭毛

波动膜

图 6-61　锥体虫

2. 主要诊断症状

危害草鱼、青鱼、鲢鱼、鳙鱼、鲤鱼、鲫鱼、鳊鱼等鱼类。病鱼身体瘦弱，严重感染时，病鱼出现贫血现象，鱼体消瘦，生长不良（图 6-62 和图 6-63）。

3. 流行情况

锥体虫是一种寄生在鱼类血液中的鞭毛虫。在我国淡水鱼类中发现的锥体虫有

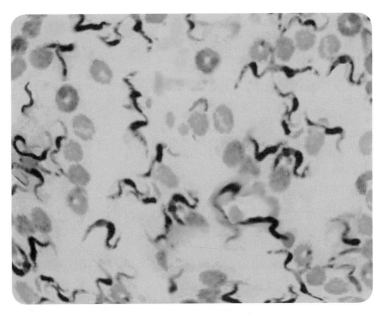

图 6-62　镜检病鱼血液中的锥体虫

锥体虫病病鱼身体瘦弱生长不良

图 6-63　锥体虫病病鱼生长畸形

30 多种，锥体虫的传染媒介是水蛭，当水蛭吸有锥体虫寄生的鱼血时，锥体虫就随血液进入水蛭肠内，在水蛭肠内生长、繁殖、发育，当水蛭吸取另一鱼体血液时，虫体通过水蛭口管而进入鱼体内。所以预防此病首先要消灭水蛭。

一年四季都能发生此病，尤其是夏、秋两季节发病较多。

4. 防治方法

（1）用生石灰干法清塘，每亩用生石灰 150~180 kg，乳化后立即全池遍洒，消灭中间宿主水蛭。

（2）用 4% 食盐水浸泡病鱼 3~5 min，再用 0.7 mg/L 的硫酸铜和硫酸亚铁合剂（硫酸铜 0.5 mg/L、硫酸亚铁 0.2 mg/L）浸洗病鱼 10 min 左右，每隔 3 天 1 次，病情彻底好转为止。

二十六、匹里虫病

1. 病原

病原是匹里虫。分类归于原生动物门顶复动物亚门孢子纲球虫亚纲微孢子虫目匹里科的匹里虫属。

匹里虫孢子卵圆形，单核。胞囊直径一般在 0.5 mm 之下，胞囊内含有各期营养体和产孢体、成熟分散的孢子。孢子卵形或梨形，内有极囊、极丝和液泡等。大小在 10 μm 左右（图 6-64）。

有长丝匹里虫、麦穗鱼匹里虫、大眼鲷匹里虫、鳗鲡匹里虫等。

匹里虫需用显微镜进行确认。

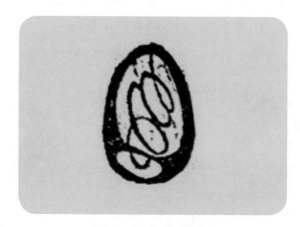

图 6-64　长丝匹里虫

2. 主要诊断症状

一般水产养殖鱼类均可发生此病。鳗鲡对此病最敏感。鳗鲡匹里虫病也称凹凸病，匹里虫寄生于肌肉中，不断分裂繁殖，形成胞囊，肌肉隆起变形。病鱼活动失调，反应迟钝，全身出现乳黄色斑块，鳗体产生不规则凹凸，用手触摸，突出部较硬（图6-65），病鱼游动缓慢，不摄食，消瘦，甚至最后死亡。

病鱼卵巢表现不大透明，继而触摸有硬感，肝脏萎缩和贫血（图 6-66），大眼鲷鱼病鱼可见内脏及体腔中有大小不等的瘤块。虫体经血管在肌肉内定居。营养体呈球形或卵形，外围被宿主结缔组织性薄膜所包围，形成胞囊。孢子散布于肌肉组织内外，同时使周围组织溶解，使肌肉变形。

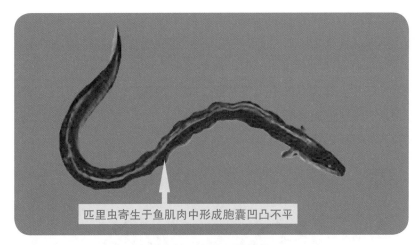

图 6-65 鳗鲡匹里虫病

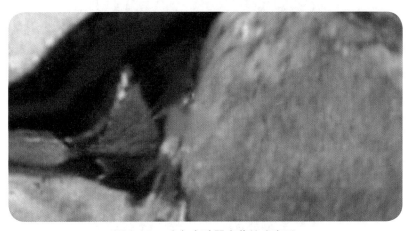

图 6-66 病鱼内脏器官萎缩或变形

3. 流行情况

全年都可能发生此病。其中鳗鲡匹里虫病发生时主要危害体重为 5~50 g 的幼鳗。当水温 15~ 30℃时易发生此病，随着温度的升高，虫体发育加快，鳗鲡被感染后 1 个月即可出现明显症状。

4. 防治方法

（1）养殖池用生石灰彻底消毒，用量 150 kg/ 亩，乳化后立即全池遍洒。

（2）高锰酸钾充分溶解后，药物浓度 15 mg/L 下浸洗病鱼 30 min。

二十七、黏体虫病

1. 病原

病原是黏体虫。分类归于原生动物门黏体动物亚门黏孢子虫纲双壳目黏体虫科的黏体虫属。

黏体虫孢子壳面观为圆形,卵形或椭圆形。缝面观为透镜状。在前端有极囊2个。

黏体虫中的脑黏体虫的孢子卵形,侧面观似小扁豆,有两个梨形极囊,胞质中有两个圆形的胚核,缝合脊的中间可见缝合线,无嗜碘泡(图6-67)。经染色后镜检可观察到具有深绿色极囊的绿色卵形虫体。

引发鱼病的有脑黏体虫、鲢黏体虫等多种。

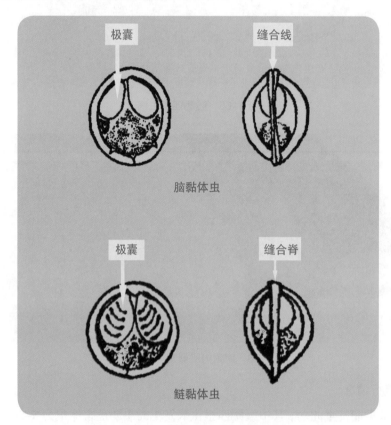

图6-67 脑黏体虫和鲢黏体虫

2. 主要诊断症状

黏体虫寄生于鲑鳟鱼类、鲢鱼、鳙鱼、鲤鱼、鲫鱼、乌鳢鱼等重要经济鱼类体内。其中脑黏体虫寄生在鱼的头骨及脊椎骨的软骨组织内。其他黏体虫寄生于鱼的鳃、肠、胆、脾脏、肾、膀胱等器官。感染脑黏体虫的鱼游泳采取猛烈、圆形方式游泳,这种黏体虫病又称为旋转病。患病鲢鱼等病鱼瘦弱,腹部膨大(图6-68),游动缓慢,平衡力差,在水中打转,逐步死亡。腹部膨大的病鱼解剖后很容易发现在腹腔内有白色胞囊,病情更为严重的鱼可见肝、肾等器官溃烂。

图 6-68　黏体虫病患病鲢鱼

3. 流行情况

黏体虫病危害最重的是虹鳟、河鳟等鲑科鱼类，鱼苗开始摄食后的数周内是最主要的感染期，是苗种阶段的主要预防疾病之一。

4. 防治方法

（1）养殖池用生石灰彻底清塘消毒，用量 150~200 kg/ 亩，乳化后立即全池遍洒。

（2）饲料中添加驱虫药盐酸左旋咪唑预防此病，用量为 2~4 g/kg 体重，每天 1 次，连用 20 天。

（3）用左旋咪唑治疗，用量 4~8 g/kg 体重，每天分 2 次投喂，3 天为 1 疗程，连用 2~3 个疗程。

二十八、六鞭毛虫病

1. 病原

病原是六鞭毛虫（图 6-69）。分类归于原生动物门鞭毛虫纲双滴虫目六前鞭毛虫科的六前鞭毛虫属。

六鞭毛虫虫体外形呈纺锤形或梨形，自身体的前端长出三对大致等长的鞭毛。后鞭毛 1 对，并形成轴杆（图 6-69）。由 1 对副原纤维的空管，其中包裹着后鞭毛，通过虫体向后延伸。毛基体在胞核之前。

2. 主要诊断症状

六鞭毛虫主要寄生在后肠，当严重感染时，整条肠管和肝、肾、胆囊等器官都可发现，会在消化道中大量繁殖造成肠炎。一般在肠腔和肠黏膜组织的缝隙较多。如图 6-70 所示。

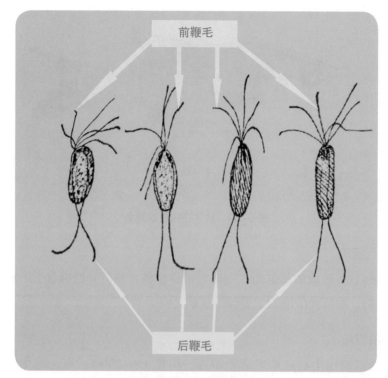

前鞭毛

后鞭毛

图 6-69　六鞭毛虫

六鞭毛虫寄生在病鱼的后肠，因而肠道常变
薄失去弹性，内充满黄色黏液呈半透明状

图 6-70　六鞭毛虫病病鱼

病鱼行动会迟钝，体形消瘦，并伴随间歇性的尾鳍侧斜现象。

3. 流行情况

鲤鱼、鲫鱼、青鱼、草鱼、鲢鱼、鳙鱼、七彩神仙鱼、细鳞斜颌鲴鱼等各类鱼
都可感染此病。当水质不好时更容易发生此病。

4. 防治方法

（1）保持良好水质，平时注意水体消毒。

（2）预防用硫酸铜全水体泼洒，按照 0.5 mg/L 的用量进行。

（3）用甲硝唑按照浓度 3 mg/L 药浴鱼体 1~2 天。

（4）治疗用硫酸铜浸浴鱼体，按照浓度 8~10 mg/L 的用量进行。水温 27℃左右时，浸浴时间 10~20 min，水温高、鱼体小、用药浓度大时所用时间可以少一点，连续治疗，痊愈为止。

（5）维持良好稳定的水质环境，避免大量换水或水质变化。同时保持适宜的放养密度，避免拥挤和大小鱼混养。

（6）注意营养的均衡，尤其是保证维生素与钙、磷等矿物质的供给。

（7）定期驱除肠道内的各种寄生虫，减少其他寄生虫诱发六鞭毛虫大量滋生。

二十九、侧殖吸虫病

1. 病原

病原是侧殖吸虫。分类归于扁形动物门吸虫纲复殖吸虫目独睾科侧殖亚科的侧殖吸虫属。

虫体有口吸盘、腹吸盘。虫体后半部中可见精巢和卵巢各一个，以及在体侧排列着块状的卵黄腺。阴茎和子宫末端开口于身体的一侧，并有小刺。卵梨形并具卵盖。如图 6-71 所示。

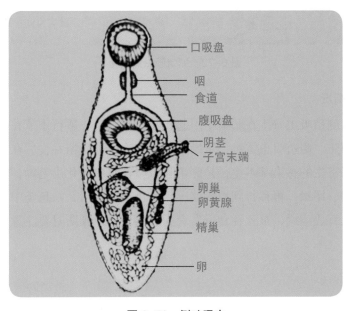

图 6-71　侧殖吸虫

2. 主要诊断症状

发病鱼苗体色变黑，游动无力，群集于养殖水体下风处，停止摄食，故俗称"闭口病"（图6-72）。发病的鱼苗，由于鱼体小，在显微镜下可以直接观察到肠道中的虫体。鱼种发病，除了鱼体消瘦外，肠道内含物和肠道内壁，在低倍显微镜下可观察到虫体。侧殖吸虫寄生多了会造成鱼体肠道机械性堵塞，影响鱼苗鱼种的摄食和消化，鱼苗因此得不到维持生命必需的营养。

侧殖吸虫病是鱼苗阶段常见的肠道病，可能引起死亡。确诊要在低倍显微镜下观察到虫体。

病鱼群集于养殖水体下风处，发病鱼体色变黑

图6-72　侧殖吸虫病病鱼

3. 流行情况

此病是由侧殖吸虫寄生在肠道中引起，流行地区广，盛行季节在5~6月，此期间必须注意预防。侧殖吸虫雷蚴、尾蚴经过各种途径被鱼苗吞食后在鱼肠中发育为成虫。经中间寄主的感染基本途径是侧殖吸虫卵在水中孵化出毛蚴，然后进入螺体内发育成雷蚴、尾蚴，再移行到螺蛳体上，为鱼苗吞食后，在鱼肠中发育成成虫，也可在螺体发育成囊蚴，被鱼吞食后发育为成虫。所以预防时要注意控制中间寄主螺类。

4. 防治方法

（1）预防要杀灭螺类中间寄主。每亩水面用150 kg生石灰干法清塘。

（2）治疗办法是每 100 kg 鱼每天用晶体敌百虫 30 g 拌饲料 9 kg 制成药饵投喂，连喂 6 天。

（3）鱼种阶段加强投喂，增强抵抗力。

（4）治疗用 90% 敌百虫全水体泼洒，浓度为 0.3 mg/L，隔天再用药 1 次。

三十、内变形虫病

1. 病原

病原为鲩内变形虫。分类归于原生动物门肉足亚门根足超纲叶足纲裸变形虫亚纲阿米巴目管口亚目内变形虫科的内变形虫属。

鲩内变形虫营养体比较小，运动活泼，无伸缩泡，二分裂法繁殖，胞质分内外两层，内质比较浓密，具细小空泡，外质透明，能不断伸出叶状伪足，使虫体向前推进。细胞核透明、圆形。在整个生活史中分营养体、胞囊前期及胞囊期（图 6-73）。营养体以伪足作为运动胞器和摄取食物的胞器，在这同时虫体的形状也发生变化。胞囊期的个体一般是圆形，内部差异大，有 1~4 个胞核，1~6 条拟染色质体，拟染色质体呈短棒状或椭圆形；在胞囊的一侧有 1 个动物淀粉泡。当环境不良时，营养体伪足消失，体积变小，不活动也不摄食，分泌一层薄膜把身体包围，形成胞囊，随寄主粪便排出体外，被鱼吞食而感染，由此引起肠道疾病。

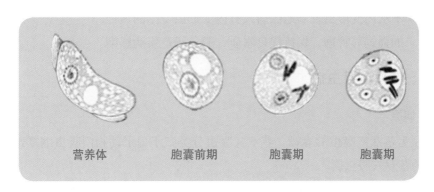

| 营养体 | 胞囊前期 | 胞囊期 | 胞囊期 |

图 6-73　鲩内变形虫发育期

2. 主要诊断症状

内变形虫附着在肠绒毛的中下部及绒毛之间的隐窝内，引起肠上皮细胞受损。变形虫寄生的肠内各处，如果寄生在鱼的直肠，可钻入肠黏膜细胞，严重感染时可引起卡他性肠炎，甚至可随血流侵入肝脏（图 6-74）。由于肠黏膜组织遭到破坏，充血发炎，出现乳黄色黏液，因此与细菌性肠炎病有些相似。

内变形虫常与六鞭毛虫、肠袋虫同时存在，容易并发形成细菌性肠炎病。

刮取肠壁黏液进行显微镜检查，如发现有大量内变形虫寄生，即可作出诊断。

内变形虫寄生在肠内各处 严重感染时引起肠炎

图 6-74 草鱼内变形虫病

3. 流行情况

主要危害 2 龄以上草鱼，全长 10 cm 左右的鱼种也有被感染的。也可以寄生在南方鲇等鱼类幼鱼的全肠。长江中下游流域各养鱼地区都有发生，此病广东、广西等地也为多见，流行于夏、秋两季，6~9 月为盛行季节，常与细菌性肠炎病并发，引起病鱼死亡。

4. 防治方法

（1）彻底清塘，消灭水体中变形虫胞囊。

（2）不从内变形虫发病地区引入有内变形虫寄生的鱼种。

（3）加强饲养管理，保持优良水质，避免肠道疾病感染。

三十一、茎双穴吸虫病

1. 病原

病原为茎双穴吸虫的囊蚴。茎双穴吸虫分类归于扁形动物门吸虫纲复殖吸虫目双穴科的茎双穴吸虫属。

茎双穴吸虫通常区分为前后体两部分（图6-75）。前体呈叶状、针状或雪花状，吸盘圆形或椭圆形，在其基部具有致密的腺体。后体通常呈柱状。有口吸盘和咽（图6-75）。食道短。肠末端达到或近于体后端。

2. 主要诊断症状

茎双穴吸虫病又称新复口吸虫病、黑点病。

茎双穴吸虫病危害鲤鱼、鲂鱼、草鱼、青鱼、鲢鱼、鳙鱼等多种淡水鱼，尤其是对鲢鳙鱼的鱼种危害较大。

鲢鳙鱼等患病后，鱼体消瘦、贫血，体表有大量黑色小结节，体表显示可见黑点（图6-76）。有时出现竖鳞状，有时出现鱼体变形，脊椎弯曲。病鱼贫血引发血色素和红细胞减少，严重时生长停止，成批死亡。诊断要镜检病鱼，见大量茎双穴吸虫可确诊。

3. 流行情况

在有吃鱼的水鸟及椎实螺多的地方所养鱼类易发生此病，春末至秋末均可发病，

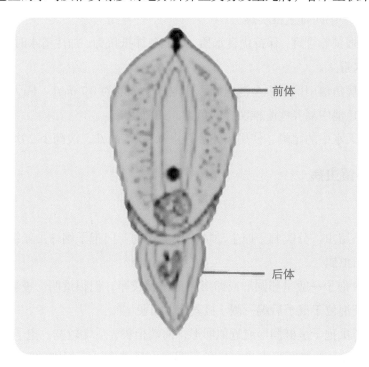

前体

后体

图6-75　茎双穴吸虫

茎双穴吸虫病的鲢鱼主要特点之一是体表皮肤处有许多黑色的小结节

图6-76　茎双穴吸虫病病鱼

尤其在夏季前半段为高发阶段，严重时可引起患病鱼死亡。我国各地均有发生。成虫寄生于苍鹭、翠鸟等吃鱼鸟类的肠中，第一中间宿主为椎实螺，鱼为其第二中间宿主。所以预防此病要杀灭寄主椎实螺。

4. 防治方法

（1）鱼苗、鱼种下塘前彻底清塘消毒，每亩水面用 150 kg 生石灰干法清塘。杀灭虫卵及第一中间寄主椎实螺。

（2）加强饲养管理，保持优良水质，增强鱼体抵抗力，加注清水时要经过过滤，严防螺类随水带入。

（3）发病鱼池用硫酸铜全池遍洒，使池水中浓度为 0.7 mg/L，隔天重洒 1 遍。

（4）成鱼池中混养些吃椎实螺的鱼类，如白鲳等。

（5）杀灭水中的尾蚴，使用晶体敌百虫 0.3~0.5 mg/L，泼药 1~2 次。

三十二、格留虫病

1. 病原

病原是格留虫。分类归于原生动物门顶复动物亚门孢子纲球虫亚纲微孢子虫目格留科的格留虫属。

肠格留虫孢子一般呈卵圆形或卵形，孢子膜较厚，但很透明。极囊椭圆形，在前端。卵形液泡位于孢子后端一侧。极丝有时可见。

赫氏格留虫孢子呈椭圆形或近似卵形，前端稍狭，后端较宽，孢子膜薄而透明。在前端 1/3 处有一个椭圆形极囊，极丝不明显，后端有一不规则的圆形或椭圆形的液泡。

使鱼致病的格留虫有多种，常见的有肠格留虫、赫氏格留虫和异状格留虫等（图 6-77）。

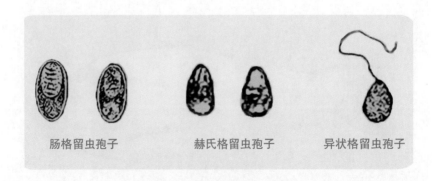

肠格留虫孢子　　　　赫氏格留虫孢子　　　　异状格留虫孢子

图 6-77　主要致病格留虫孢子

2. 主要诊断症状

格留虫营养体在宿主组织内不断生长发育，产生胞囊和大量孢子，使组织遭受破坏。严重时引起器官炎症，机能失调，发育不良，生长缓慢，寄生于生殖腺时危害更大。由于它们的寄生，常能在寄生部位发现灰白色的小圆形胞囊（图 6-78 和图 6-79）。特别是危害虹鳟鱼种。格留虫大量寄生时可引起心脏肿大，侧肌中出现白斑，病鱼食欲减退、消瘦，眼球突出，可导致鱼种大量死亡。

青鱼病鱼腹腔肠道被格留虫寄生部位的突起胞囊

图 6-78　格留虫病青鱼

病鱼腹腔器官处灰白色的圆形胞囊

图 6-79　格留虫病病鱼腹腔器官处灰白色的圆形胞囊

3. 流行情况

全国各养鱼区的池塘、水库、湖泊都发现有格留虫病。格留虫通过孢子感染健康鱼。赫氏格留虫寄生于草鱼、鲢鱼、鳙鱼、鲤鱼、鳊鱼、鲫鱼及斑鳢鱼等鱼类的肾、肠、生殖腺、脂肪组织、鳃及皮肤处，形成白色胞囊，严重时影响性腺发育和生长。

肠格留虫主要寄生于青鱼肠中，此病常见。异状格留虫寄生于鳊鱼、红鲌鱼、鲤鱼、鳡鱼、草鱼、赤眼鳟鱼、鲈鱼、鲢鱼、银鲴鱼、拟刺鳊鮈鱼等鱼的性腺、胆囊、肝、肠、脾、肾等器官中。

格留虫病流行盛期是秋、夏两季。

4. 防治方法

（1）用生石灰彻底清塘消毒。

（2）用硫黄粉拌饵投喂，用量 1.5 g/kg 体重，每天 1 次，连续 4~7 天。

（3）用盐酸左旋咪唑拌饲料投喂，用量 2 g/kg 体重，连续投喂 20~25 天。

（4）高锰酸钾充分溶解后，药物 5 mg/L 浓度，浸洗病鱼 30 min。

三十三、血居吸虫病

1. 病原

病原是血居吸虫。分类归于扁形动物门吸虫纲复殖吸虫目血居科的血居吸虫属。

血居吸虫的身体薄而小，特征无口、腹吸盘，肠道为分叶形盲囊。睾丸多对，卵巢蝴蝶形，卵黄腺小颗粒状，分布于虫体左右两侧。卵很小，虫卵在鱼的鳃血管内孵化成毛蚴。毛蚴钻出血管壁落入水中，遇到椎实螺或扁卷螺，便钻入其呼吸腔，再进入肝脏，眼点消失变为胞蚴、雷蚴和尾蚴。尾蚴离开螺体，在水中游泳，遇到终宿主鱼类，即从体表侵入并转移到循环系统中发育为成虫（图 6-80）。

病原有鲂血居吸虫、龙江血居吸虫、大血居吸虫等。

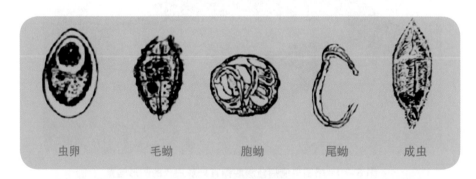

| 虫卵 | 毛蚴 | 胞蚴 | 尾蚴 | 成虫 |

图 6-80　鲂血居吸虫

2. 主要诊断症状

血居吸虫寄生于鱼血液中，当大量感染时，鱼鳃血管因虫卵的聚集而堵塞，造成血管坏死和破裂（图 6-81）。鱼苗发病时，鳃盖张开，鳃丝肿胀，病鱼打转、急游等现象明显，很快死亡。若虫卵过多累积在肝、肾、心脏等器官，则这些器官机能受到损伤，表现出慢性症状，病鱼腹部膨大，内部充满腹水（图6-82），肛门肿胀，全身红肿，有时有竖鳞、眼突出等症状，最后身体衰竭而死。

3. 流行情况

血居吸虫病流行于春、夏两季，主要危害鲢鱼、鳙鱼和团头鲂鱼的鱼苗、鱼种。虫体大量感染寄主时，成虫大量排卵。卵随血液流到鳃部，而幼鱼鳃血管狭小，容

血居吸虫寄生造成鳃血管坏死和鳃丝肿胀

图6-81　血居吸虫病病鱼

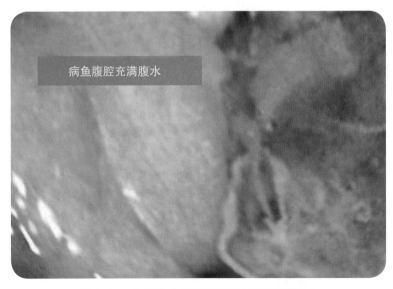

病鱼腹腔充满腹水

图6-82　血居吸虫病鱼腹部膨大并且充满腹水

易造成机械性堵塞。使鳃局部充血，甚至血管破裂和坏死。有时虫卵堵塞肾脏血管，使肾脏排泄机能失调，造成腹部水肿和体表竖鳞。

4. 防治方法

（1）鱼苗、鱼种放养前彻底清塘，用生石灰 150 kg/ 亩带水清塘，杀灭椎实螺，预防此病。

（2）治疗用硫酸铜全池遍洒，浓度 0.7 mg/L。

（3）在每千克饲料中加鱼虫清 2~3 g，制成颗粒药饵投喂，连喂 2~3 天。

（4）治疗用晶体敌百虫（90%）全水体泼洒，使药物浓度达 0.5 mg/L。15 min 后换水，隔天再用药 1 次。

三十四、头槽绦虫病

1. 病原

病原是头槽绦虫。分类归于扁形动物门绦虫纲假叶目头槽科的头槽绦虫属。

头槽绦虫为扁带形，虫体由许多节片组成，头节略呈三角形，前有一明显的顶盘和 2 个较深的吸沟，无明显的颈部。每个体节内均有一套雌雄生殖器官，成熟节片内充满虫卵。虫卵落入水中孵化出钩球蚴，为剑水蚤等吞食后，发育成原尾蚴，水蚤被鱼吞食后，即在鱼肠道内发育为裂头蚴，陆续长出节片，成虫以头槽吸附在肠壁上（图 6-83）。

常见种类有九江头槽绦虫、马口头槽绦虫等。

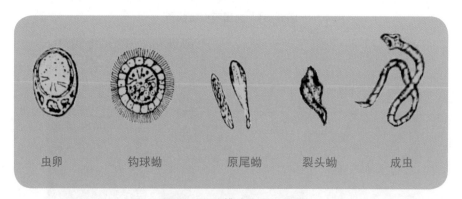

| 虫卵 | 钩球蚴 | 原尾蚴 | 裂头蚴 | 成虫 |

图 6-83　头槽绦虫发育各期

2. 主要诊断症状

头槽绦虫病是一种鱼种阶段的寄生虫性肠道病，病鱼黑瘦，体表黑色素沉着，摄食能力下降，口常张开，俗称"干口病"。严重时，病鱼的前腹部膨胀，剖开鱼腹，明显可见前肠扩张，剖开肠此部位有白色带状绦虫虫体（图 6-84）。

病鱼前肠扩张内存绦虫裂头蚴和成虫虫体

图6-84 头槽绦虫病病鱼

3. 流行情况

头槽绦虫寄生在草鱼、鲢鱼、鳙鱼、青鱼、鲂鱼、鲮鱼、赤眼鳟等鱼的肠道，尤其以危害草鱼幼鱼为最严重，感染率高。头槽绦虫病对越冬期的草鱼种危害也大，死亡率高。

头槽绦虫病主要在广东、广西、福建、湖北等养鱼地区流行。

4. 防治方法

（1）鱼苗、鱼种放养前彻底清塘，用生石灰带水彻底清塘，用量150~180 kg/亩，杀灭绦虫卵和剑水蚤。

（2）用中药槟榔内服，办法是每千克体重鱼用药2~4 g制成颗粒饲料投喂。1天1次，连用5~7天。

（3）用南瓜籽250 g研成粉，拌在0.5 kg米糠或米粉中投喂，每天1次，连喂6天。

（4）用90%晶体敌百虫拌饵料投喂鱼种，用药为10 g/kg饵料。

三十五、许氏绦虫病

1. 病原

病原为中华许氏绦虫（图6-85）、日本许氏绦虫、短颈鲤蠢绦虫（图6-86）、微小鲤蠢绦虫、宽头鲤蠢绦虫等。许氏绦虫分类归于扁形动物门绦虫纲鲤蠢目鲤蠢科的许氏绦虫属。鲤蠢绦虫分类归于扁形动物门绦虫纲鲤蠢目鲤蠢科的鲤蠢属。

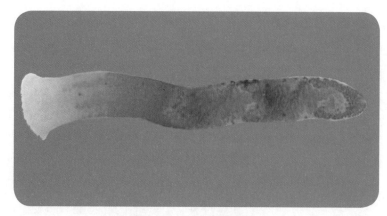

图 6-85　中华许氏绦虫

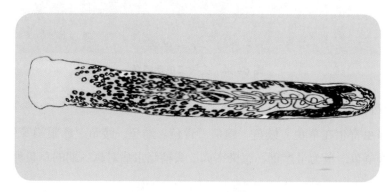

图 6-86　短颈鲤蠢绦虫

许氏绦虫与鲤蠢绦虫两属的形态相似。虫体呈带形，乳白色，不分节，只有一套生殖器官，精巢在近头端处，卵巢呈 "H" 形，在身体的后部。两属绦虫的主要区别是鲤蠢绦虫头部不扩大，前缘皱折不明显，颈短，而且鲤蠢绦虫的卵黄腺全部分布在髓部。而许氏绦虫头部明显扩大，前端边缘呈折皱，颈较长，许氏绦虫的卵黄腺在虫体前段的分布在皮部，在后面的卵黄腺分布在髓部。

2. 主要诊断症状

许氏绦虫主要危害鲤鱼、鲫鱼等淡水鱼类。大量寄生会阻塞肠道，引起发炎和贫血（图 6-87）。由于绦虫寄生于鱼的肠道，当感染数量多时，鱼体日见消瘦，食欲不振，生长停滞。发病严重时堵塞肠道，引起肠道发炎和鱼贫血，甚至可引发死亡。

3. 流行情况

许氏绦虫病分布广，主要危害鲤鱼、鲫鱼等常见鱼类，尤以 2 龄以上的鲤鱼感染率较高。一般 4~8 月为流行高峰期。

许氏绦虫病病鱼一般是肠道扩张病灶处有时可见许多绦虫虫体破肠而出

图 6-87　许氏绦虫病病鱼

4. 防治方法

（1）用中药南瓜子研成粉与米糠按照 1:2 比例拌匀压成颗粒饲料投喂，连喂 3 天。

（2）用中药槟榔内服，每千克体重鱼用槟榔粉 2~4 g 制成颗粒饲料投喂。1 天 1 次，连用 5~7 天。

（3）用 90% 晶体敌百虫与面粉 1:100 混合成饵料投喂，连喂 3~6 天。

（4）彻底清塘，杀灭虫卵。

（5）全池泼洒 90% 晶体敌百虫，药物浓度为 0.4~0.6 mg/L。

三十六、舌状绦虫病

1. 病原

病原是舌状绦虫。分类归于扁形动物门绦虫纲假叶目裂头科舌状绦虫属。

舌状绦虫虫体是白色的长带状，前端有分节，其余不分节，但有横纹。头节不能与虫体分开。虫体前端在背腹面有浅的裂口状沟槽。每节片有 1 套生殖器官，生殖腔浅。

舌状绦虫裂头蚴虫体肥厚，白色的长带状，长数厘米甚至到数米，宽度可达 1 cm 以上。头节略呈三角形，身体没有明显的分节。舌状绦虫的裂头蚴在背腹面中线各有一条凹陷的纵槽。

成虫寄生于食鱼鸟类。裂头蚴寄生于鲤科等鱼类的体腔。

2. 主要诊断症状

病鱼在中后期腹部明显膨大，游泳失去平衡，常侧游上浮或腹部朝上。解剖时可见病鱼体腔中充满白色带状裂头蚴虫体（图6-88）。内脏因受挤压而变形，发育受阻，鱼体营养不足而消瘦。严重时可见裂头蚴从鱼腹部钻出，直接造成病鱼死亡。

病鱼体腔充满带状的舌状绦虫裂头蚴

图 6-88　舌状绦虫病病鱼

3. 流行情况

舌状绦虫的裂头蚴通常寄生在鲫鱼、鲤鱼、鲢鱼、鳙鱼等鱼的体腔内，此病地理分布很广。一般在夏、秋季盛行，因为夏秋两季的水温适合舌状绦虫的生长。

舌状绦虫虫卵随鸟粪排入水中，孵出钩球蚴，被剑水蚤等吞食后，在其体内发育成原尾蚴。带有原尾蚴的剑水蚤类被鱼吞食，原尾蚴在鱼体内发育为裂头蚴，鱼被水鸟吞食，裂头蚴即在水鸟的肠内发育为成虫。所以，预防此病的方法可截断舌状绦虫生活史中的任何一个环节，减少发病。

4. 防治方法

（1）用生石灰清塘，将虫卵及第一中间寄主剑水蚤等桡足类杀死。

（2）驱赶食鱼鸟类。预防患此类寄生虫的鸟类粪便，感染水里生物造成鱼类感染。

（3）发现感染舌状绦虫的病鱼，及时捞出并深埋，决不可乱弃，防止病情扩散。

（4）在池中泼洒晶体敌百虫，药物浓度为 0.3 mg/L，杀灭水中剑水蚤等桡足类，截断此虫生活史环节。

（5）药物治疗，每千克鱼用槟榔粉 2~4 g 制成颗粒饲料投喂。1 天 1 次，连用5~7 天。

三十七、双线绦虫病

1. 病原

病原是双线绦虫（图6-89）。双线绦虫分类归于扁形动物门绦虫纲假叶目裂头科双线绦虫属。

双线绦虫头节与体节没有区分，身体也没有明显的分节，沟槽在虫体前端中央，每节节片2套生殖器官。

双线绦虫的裂头蚴虫体肥厚，白色的长带状，长度有的可达数米，俗称"面条虫"。头节略呈三角形，身体没有明显的分节，前部有类似节片的横纹，虫体扁平。双线绦虫的裂头蚴在背腹面各有二条凹陷的平行纵槽，在腹面还有一条中线，介于这两条纵槽之间。

双线绦虫第一中间寄主为桡足类，特别是各种剑水蚤，第二中间寄主为鱼类，终寄主为食鱼鸟类。双线绦虫在鲫鱼及其他多种鱼体内有发现，但主要对鲢鱼种造成较大危害，常形成集中感染。

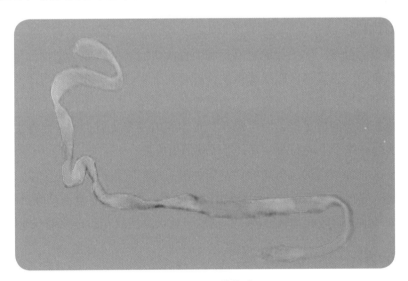

图6-89 双线绦虫

2. 主要诊断症状

病鱼腹部膨大，充满带状的双线绦虫虫体（图6-90）。类似于舌状绦虫病。病鱼游泳时严重失去平衡，腹部的局部可见凸起，早春季节体质明显消瘦，病重的鱼常在水面游动缓慢，甚至侧着身体或腹部向上翻起。由于病鱼正常机能受破坏，生长停滞，身体瘦弱，严重时生殖器官也会被完全破坏，有时裂头蚴还破坏鱼的腹壁，钻出体外，直接导致病鱼死亡。

病鱼腹部膨大充满带状的双线绦虫

图 6-90   双线绦虫病病鱼

3. 流行情况

双线绦虫病分布广，主要危害鲢鱼和喂食活饵的观赏鱼如七彩神仙鱼等，也危害其他养殖鱼类。患病渔区双线绦虫的钩球蚴在水中自由游泳，当钩球蚴进入桡足类体腔中就可以进一步生长发育，变为成熟的原尾蚴。第二中间寄主就是鱼类。鱼吞食了感染原尾蚴的桡足类，原尾蚴在鱼类体腔内发育成裂头蚴。终寄主为食鱼的鸟类。裂头蚴在终寄主的肠内发育，很快就变为成虫。

一般 4~8 月为该病的流行高峰期。当鱼苗的水花阶段进入夏花阶段，食性将由摄食轮虫转入捕食较大型浮游动物枝角类和桡足类，桡足类吞食钩球蚴具有专一性，所以这时如果池塘附近有带病原的水鸟活动，就极易使夏花鱼苗感染双线绦虫病。

4. 防治方法

（1）鱼苗、鱼种放养前做彻底清塘，用生石灰带水清塘，用量 150~200 kg/ 亩，杀灭绦虫卵和剑水蚤类浮游动物。

（2）治疗采用中药槟榔内服，办法是每千克体重鱼用药 2~4 g 制成颗粒饲料投喂。1 天 1 次，连用 5~7 天。

（3）预防此病用南瓜籽 250 g 研成粉，拌在 0.5 kg 米糠或米粉中投喂，每天 1 次，连喂 6 天。

（4）用 90% 晶体敌百虫拌饵料投喂鱼种，用药量为 10 g/kg 饵料。

三十八、锚头蚤病

1. 病原

病原是锚头蚤（图6-91）。

锚头蚤分类归于节肢动物门甲壳动物亚门桡足纲剑水蚤目锚头蚤科的锚头蚤属。

常见种类有鲤锚头蚤、草鱼锚头蚤、鲶锚头蚤、小锚头蚤、短角锚头蚤、多态锚头蚤、八角锚头蚤、狗鱼锚头蚤、四球锚头蚤等。对鱼类危害最大的为多态锚头蚤。锚头蚤体大、细长，呈圆筒状，肉眼可见。寄生在鱼体的为雌蚤。

锚头蚤虫体结构基本分为胸、胸、腹三部分，但各部分之间没有明显界限。头胸部分具有1或2对角，角简单或分枝，在头胸部的两侧。有时为不成对的角。颈部柔软，细长，呈圆柱状，渐渐扩大形成躯干部。具有生殖前突。腹部短，不甚明显地分为3节，钝圆，在末端有1对小而分节的尾叉。第一触角近于圆柱状，3或4节。第二触角2或3节，顶端具有小而粗壮的爪。大颚爪状无齿。小颚基部粗大，顶端各着生1对剪刀状的爪。颚足3节，第二节内侧末端有一个圆锥形突起及小棘，末端又具有5个大小不同的爪。4对足双肢型，第一对正在头之后。

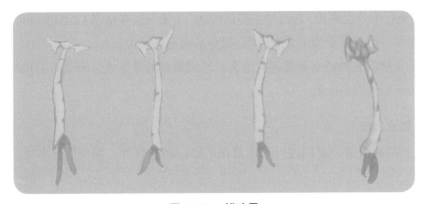

图6-91　锚头蚤

2. 主要诊断症状

锚头蚤虫体头部可以钻入鱼的皮肤肌肉，虫体就如同短针样附挂在鱼体上，所以此病有的地区又称为针虫病（图6-92）。当锚头蚤寄生于个体较大的鱼体，拔下锚头蚤虫体，可见寄生处周围的组织红肿发炎，甚至出现红斑、坏死处，这些地方容易被病菌入侵。当锚头蚤寄生在幼小鱼体上，锚头蚤的头胸部甚至能穿透宿主的体壁，有时能够钻入内脏、破坏肠系膜，引起内脏充血发炎，鱼体也由于病情造成弯曲畸形。病鱼由于受到刺激常出现不安乱游，伴随出现食欲减弱，身体消瘦。

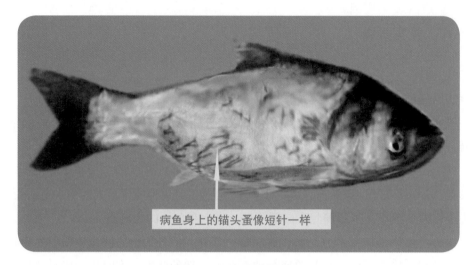

病鱼身上的锚头蚤像短针一样

图 6-92　锚头蚤病病鱼

如果锚头蚤寄生在鱼的口腔内，会影响到鱼摄食和呼吸。

因锚头蚤的虫体较大，一般用肉眼检查就可做出诊断。

3. 流行情况

全国都有此病流行，其中长江以南地区更为严重，比北方地区感染率高，感染强度大，流行季节也更长，为当地主要鱼病之一。锚头蚤在水温 12~33℃都可以繁殖，流行期很长，但是夏季为主要流行期，对鱼造成危害最大。

锚头蚤病对各种淡水鱼类都有危害，特别对鱼种危害大，不仅影响鱼的生长、繁殖、还影响到商品价值。

4. 防治方法

（1）彻底清塘，定期进行水体消毒，加强饲养管理，保持优良水质，预防锚头蚤病。

（2）利用锚头蚤对宿主的选择性，例如多态锚头蚤，寄生在鲢、鳙鱼体表、口腔，草鱼锚头蚤寄生在草鱼鳞片下，可以采用轮养法进行预防。

（3）全池遍洒晶体敌百虫，浓度为 0.3 mg/L，5~8 min 之后换水，连续泼药 2~3 次，每次间隔 7~10 天，杀灭池中的幼虫。

（4）用 20 mg/L 浓度的高锰酸钾水溶液，浸洗病鱼，可直接杀死锚头蚤的幼虫。

三十九、中华蚤病

1. 病原

病原是大中华蚤（图 6-93）。

大中华蚤分类归于节肢动物门甲壳动物亚门桡足纲剑水蚤目蚤科的中华蚤属。

大中华蚤雌蚤侵袭到宿主鱼体身上过寄生生活。雌蚤细长呈圆柱状，分头、胸、腹三部。头部略呈三角形，上有一只中眼和五对附肢，第二触角变成强大的钩，用以钩在鱼鳃上。头部与第一胸节间有一假节。胸部六节，前五节各有一对游泳足；第六节为生殖节。腹部三节，在第一与第二、第二与第三腹节间各有一假节；第三腹节后面有一对尾叉，上有刚毛数根。

鲢中华蚤虫体较短粗，头部略呈菱形，头胸部之间的假节较不明显，胸节前四节较宽短，第五胸节很小。

中华蚤雌蚤以长大的第二触角长期插入鳃丝，造成机械性损伤，影响鱼的正常呼吸，引起鱼焦躁不安；同时伤口又容易被微生物侵入感染，可导致鳃丝的局部发炎，甚至化脓。中华蚤在摄食时，分泌酶溶解组织，使口器部位的鳃丝表皮破坏，细胞松散，附近微血管也被破坏，使鳃丝末端弯曲变形、贫血。

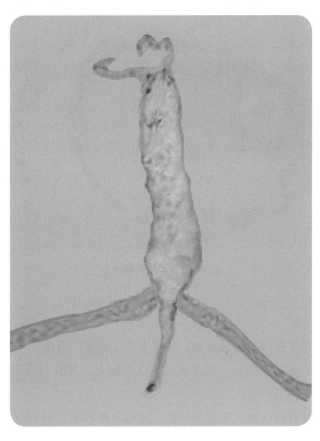

图6-93 大中华蚤

2. 主要诊断症状

中华蚤多寄生在病鱼的鳃上，掀开鳃盖，可见多寄生于鳃边缘，特别是鳃丝末端内侧，寄生处的鳃丝末端肿胀呈白色，黏液增加并且破损部位受细菌感染发炎。在鳃丝寄生处可见蚤体像小蛆一样，因此，俗称"鳃蛆病"（图6-94）。病鱼在水中跳跃不安，食欲减退或不摄食。鲢鱼、鳙鱼感染后往往在水中尾鳍露出水面，故又俗称"翘尾巴病"。由于病鱼鳃丝发炎，严重感染时，病鱼会因呼吸困难而死亡。

大中华蚤寄生很多时，病鱼常体色变黑。病情严重或并发其他疾病时，病鱼消瘦衰竭，烦躁不安，也会常离群独游。

掀开病鱼鳃盖可见鳃的边缘许多小蛆一样的中华蚤个体

大中华蚤

图 6-94 中华蚤病病鱼

3. 流行情况

大中华蚤对寄主有严格的选择性，一般寄生于鲢鱼、鳙鱼、草鱼、鲤鱼、鲫鱼、青鱼、鲶鱼、赤眼鳟鱼、鳜鱼、淡水鲑鱼等鱼的鳃上，尤其对当年草鱼和1龄以上的鲢鱼、鳙鱼危害特别严重。

大中华蚤病在我国各地均有发生，长江流域每年5~9月最为流行。

4. 防治方法

（1）用生石灰彻底清塘，杀灭虫卵、幼虫。

（2）鱼种放养时，用 3% 食盐水将放养鱼浸浴 5 min 消毒。

（3）用晶体敌百虫 (90%) 和硫酸亚铁按 0.5∶2 混合后，全池泼洒。达到药物浓度 0.25 mg /L。

（4）用硫酸铜和硫酸亚铁合剂（5∶2）合剂全池泼洒，达到药物浓度 0.7 mg/L，每隔 10~15 天遍洒 1 次。

四十、鱼鲺病

1. 病原

病原是鱼鲺。分类归于节肢动物门甲壳动物亚门鳃尾纲鲺目鲺科鲺属。

鱼鲺背甲扁平，呈盾形，侧叶长度可变，后方均为 2 叶。腹部的大小和形状变异较大。一对尾叉。第一触角的基部粗壮，有前爪和侧爪，端部圆柱状，分为 2 或 3 节。第二小颚在鲺变为吸盘。吸盘周缘有几丁质条。

雌性鱼鲺的卵巢位于前体部的后部。雄性鱼鲺睾丸位于后体部。

2. 主要诊断症状

鱼鲺附到鱼体后，到处爬行叮咬（图 6-95），由于鲺的腹面有许多倒刺，再加上吸盘的吸力、口刺的刺伤、分泌毒液，大颚撕破受害鱼体表，因此使鱼体表形成很多伤口、出血甚至感染发炎。病鱼呈现极度不安，会出现急剧狂游、跳跃和擦壁现象，由于严重影响食欲，鱼体消瘦，如果鱼鲺寄生于一侧，可使鱼失去平衡。伤口感染病菌引起其他严重并发症，可能引起病鱼死亡。

病鱼可见鱼鲺附着在身体上

图 6-95　患鱼鲺病的病鱼

3. 流行情况

鱼鲺病流行很广，我国南北方都有报道，特别在广东、广西、福建流行更是普遍。一年四季都有发生，4~8 月为鱼鲺病快速流行期，甚至引起鱼种大批死亡。

4. 防治方法

（1）预防用生石灰 150 kg/ 亩带水清塘。

（2）用晶体敌百虫按照浓度 0.25 mg /L 要求全池泼洒进行治疗。

（3）治疗时将病鱼全部放入 0.1%~0.15% 的晶体敌百虫药液中浸洗鱼体 2~5 min。鱼鲺很快脱落，而后将病鱼放入清水中，很快就恢复正常。

第七章 其他类疾病

一、卵甲藻病

1. 病原

病原体是嗜酸性卵甲藻（图7-1）。分类归于裸甲藻目胚沟藻科卵甲藻属。

嗜酸性卵甲藻适合生活在酸性水质中，最适 pH 5~6.5，水温 22~32℃。这种浮游植物呈肾脏形，外有一层透明的玻璃纤维壁，藻内充满淀粉粒和色素体，核圆形。嗜酸性卵甲藻以纵分裂法形成裸甲子，其在水中自由活动，碰到鱼类就附着于鱼体上，开始过寄生生活，发育为嗜酸性卵甲藻。

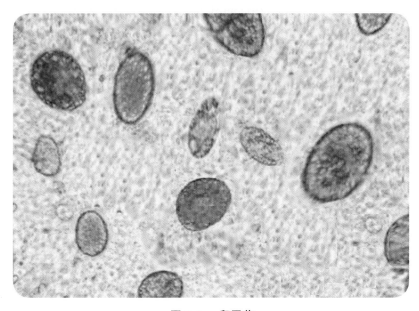

图7-1　卵甲藻

2. 主要诊断症状

卵甲藻病也叫打粉病，也有的地方叫白粉病。嗜酸性卵甲藻寄生鱼体表，病鱼患病初期体表黏液增多，背鳍、尾鳍及体表出现白点，病重时，白点逐渐蔓延至全身，就像裹了一层面粉（图7-2）。后期病鱼游动迟缓或群集成团，食欲减退，游动迟缓，呆在水面，身上白点粉块脱落处也出现发炎或溃烂，易感染水霉病和细菌性疾病，最后病鱼瘦弱，严重时病鱼大批死亡。

病鱼体表如同裹了一层面粉

图 7-2　卵甲藻病病鱼

3. 流行情况

嗜酸性卵甲藻用纵裂法分裂繁殖，在水中自由活动，碰到鱼类就附着于鱼体上，开始过寄生生活，成长为成熟嗜酸性卵甲藻。当养殖池塘水质呈酸性，pH 5~6.5，加上水温 22~32℃的条件，最适合嗜酸性卵甲藻的生长繁殖。所以此病以夏、秋两季最适于流行，这时为重点预防期。

卵甲藻病的发病时间长，感染快，死亡率高。主要危害草鱼、青鱼、鲢鱼、鳙鱼等鱼种，其中草鱼苗种最易感染。特别是放养密度大，饵料匮乏的鱼池最容易发生卵甲藻病，所以放养密度一定要合适，投喂一定要充足合理。

卵甲藻病一般流行于长江流域和长江以南地区。

4. 防治方法

（1）放鱼前池塘要彻底清塘消毒，在鱼种培育过程中，每半月用生石灰 50 kg/ 亩定期泼洒，把池水的酸碱度调节到 pH 7.3~8 的微碱性。当出现病鱼时，更要及时转到水质为微碱性的鱼池内饲养，以缓解症状。

（2）投喂饲料的营养要全面，多投喂水蚤、剑水蚤等动物性饵料，加喂少量芜萍，以增强体质。平时泼洒有益微生物，保持良好水质，人工合成饲料要配齐营养添加剂，以提高鱼体自身抗病力。

（3）夏、秋两季此病最流行时，用生石灰全水体遍洒，浓度达 5~15 mg/L。

（4）病鱼可用 2%~3% 的食盐水浸浴 3~5 min，隔天 1 次，痊愈为止。

二、三毛金藻病

1. 病原

病原是三毛金藻。分类归于藻类植物金藻门金藻纲金胞藻目定鞭藻科三毛金藻属。

其中最主要种类是小三毛金藻和舞三毛金藻。小三毛金藻细胞呈椭圆形或球形，前端有3根鞭毛，中间1条较短，另外两条比胞体长，鞭毛基部附近有1个伸缩泡，两侧有2个金黄色叶状色素，白糖素位于后端，细胞的个体很小，在细胞的中部有许多微粒状小粒。

舞三毛金藻前端有3根鞭毛，中间1条较短，为定鞭，另外两条比胞体长，为运动鞭毛，在两侧各有1个叶绿体，后部常见微粒。

三毛金藻具有广温性和广盐性，一年四季都可形成危害，特别春夏秋季此病较多，发病一般都在水体较瘦，并且是偏碱性的水体中，这样的水质容易繁衍小三毛金藻（图7-3）。

小三毛金藻对鱼的危害是由它产生的细胞毒素、溶血毒素和鱼毒素等数种毒素所引起，毒素达到一定量时，鱼类就会出现浮头等症状，甚至会使病鱼中毒死亡。

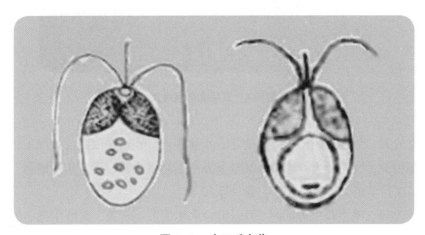

图7-3　小三毛金藻

2. 主要诊断症状

三毛金藻的毒素引起鱼类中毒是一种麻痹性中毒，中毒鱼类呼吸频率加快，游动急促，方向不定，中毒的鱼也会出现反应迟钝的现象。病鱼鳃部分泌大量黏液，有时鳃盖、眼眶周围或其他部位充血（图7-4），鱼体后部颜色变浅，鱼向池塘的背风浅水处集群等现象。初期病鱼受到惊扰能较快速地游到深水处，不久又返回池边浅水处，后期病鱼中毒严重，病鱼不仅呈现浮头现象，还在水面下静止不动，鱼体麻痹，呼吸困难，甚至中毒导致死亡。

3. 流行情况

三毛金藻喜低温、弱光，pH在8.0~9.0，水温在8~23℃之间繁殖较快，特别喜欢在偏碱性的池塘环境内生长。三毛金藻暴发时，在水中的溶解氧可能不低，水体

病鱼鳃分泌大量黏液，鳃盖等部位充血

图7-4 三毛金藻病病鱼

的透明度较大，但池塘内营养大多缺乏、水体很瘦。在透明度高的情况下，一旦有三毛金藻种源，马上会大量繁殖，甚至暴发引起鱼类中毒。受害鱼中鲢鱼、鳙鱼最敏感，其次是草鱼、鲂鱼、鲤鱼、鲫鱼等。

一般流行三毛金藻中毒症时，可以镜检水体的三毛金藻，观察中毒鱼的鳍基部及鳃盖、眼眶周围充血情况。

鱼的中毒程度会随水温升高而加重。

4. 防治方法

（1）冬季和早春保持池水适当的肥度，使有益藻类繁殖快，抑制三毛金藻的滋生，鱼类越冬时如果水体透明度较大，可以适当少量施用硫酸铵、过磷酸钙等进行肥水。

（2）最初发现有三毛金藻中毒症状时，立即进行部分换水然后肥水，缓解病情的发展，或将鱼类转移到未发病的肥水池塘中。

（3）发现三毛金藻中毒病的池塘全水体泼洒硫酸铵 10 mg/L 或尿素 10 mg/L，以减缓病情的发展。

（4）全池泼洒硫酸铜达 0.7 mg/L，以缓解鱼类的中毒。

（5）每天使用有机肥肥水，用量为 20~30 kg/ 亩，预防三毛金藻中毒症。

三、水霉病（白毛病）

1. 病原

病原是真菌类的霉菌类，最主要的是水霉和绵霉。水霉分类归于真菌门鞭毛菌亚门卵菌纲水霉科水霉属；绵霉归于真菌门鞭毛菌亚门卵菌纲水霉科绵霉属。

水霉菌体为无隔多核的菌丝体（图 7-5）。菌丝形态细长，呈灰白色，形似柔软的纤维，呈棉絮状。无性生殖在菌丝顶端形成孢子囊，有孢子囊的层出现象，产生的游动孢子球形或梨形，顶生 2 条鞭毛，为初生孢子，游动不久，鞭毛收缩变成静孢子，此后静孢子萌发成 1 个具侧生鞭毛的肾形游动孢子，为次生孢子，出现双游现象。有性生殖是在菌丝顶端形成精囊和卵囊。分别产生精核和卵，卵受精后形成二倍体的卵孢子，休眠后萌发，经减数分裂产生新一代菌丝体。

绵霉属的特征是游动孢子囊似棍棒形状，产生在菌丝的顶端，孢子囊具层出现象，新的孢子囊从老的孢子囊基部的孢囊梗侧面长出，游动孢子在孢子囊内呈多行排列，也具两游现象。

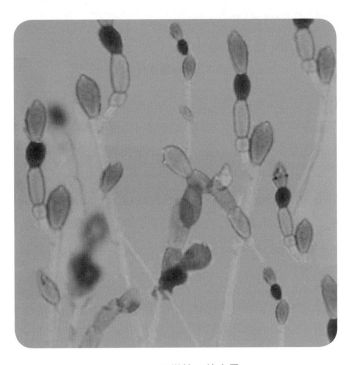

图 7-5　显微镜下的水霉

2. 主要诊断症状

患病初期，病鱼体表或鳍条上可见灰白色的菌丝（图 7-6），病灶四周红肿，皮肤黏液增多，患病后期，伤口处形成棉絮状菌丝，严重时菌丝厚而密，有时菌丝着生处有伤口充血或溃烂，游动迟缓，食欲减退，甚至病重死亡。

鱼卵在孵化过程中，霉菌也会侵害鱼卵，卵膜外长满放射状菌丝。在适宜条件下，会生出大量动孢子感染其他鱼卵，当菌丝侵入鱼卵内部或卵膜外部，会造成鱼胚胎发育中途死亡。

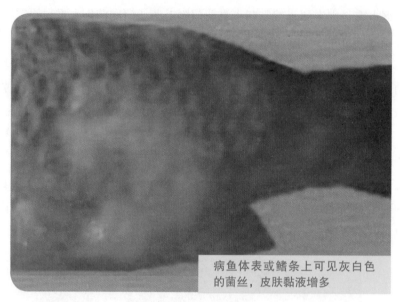

病鱼体表或鳍条上可见灰白色的菌丝，皮肤黏液增多

图7-6　水霉病病鱼

3. 流行情况

此类霉菌广泛分布在一切淡水水域中，在冬末、早春最容易流行。鱼卵孵化季节，一般春季水温上升到18℃左右最适宜水霉菌的生长繁殖，产卵孵化水体应避免水温13~18℃水温。

水霉菌对寄主无严格选择性，各种养殖鱼从鱼卵到成鱼均容易被感染。尤其要避免高密度养殖、清瘦水体养殖，也要避免操作不当引起鱼的外伤，否则容易引起暴发水霉病。

4. 防治方法

（1）避免鱼体受伤。苗种入池操作过程中要尽量仔细，入池前用3%的食盐水溶液浸浴5~10 min。

（2）鱼体感染水霉时通常可用五倍子全池泼洒，使池溶液水中达2~3 mg/L，连续2~3次。

（3）用3%~4%的食盐水或10%硫酸铜或5%漂白粉溶液浸洗鱼3~4 min，以杀灭此菌。

（4）全池泼洒食盐及小苏打合剂（1:1），使池水成 800 mg/L 的浓度。

（5）用亚甲基蓝 0.3 mg/L，浸洗鱼体 10~20 min。也可长时间浸洗孵化中的鱼卵，预防卵霉病。

四、气泡病

1. 病因

主要原因是水体中含有过饱和的氧气和氮气。水中溶氧过饱和是由于池中藻类大量繁殖，在水温高、光照强时，藻类光合作用旺盛而形成过多氧气。水中氮气含量达到过饱和时也可以引起气泡病。另外，池塘施放过多未经发酵的肥料，由于肥料在池底不断分解，释放出甲烷等气体的小气泡，鱼苗吞入后也可能发生气泡病。

2. 主要诊断症状

病鱼外观上可见在鳍条、体表有大小不等的气泡（图 7-7）。注意观察患气泡病的鱼，有时头部和眼睛上也可以发现气泡，从发生的部位来看，在尾鳍更为明显，并且尾鳍组织可能伴有充血现象，因而也称"焦尾病"。

最初当气泡不大时鱼感到不适，鱼这时会控制气泡的浮力向下游动，不久鱼体表及体内气泡增加，身体有可能失去平衡，可以看到头朝上旋转游动，甚至漂浮于水面无力游动的情况。这时检查鳍、鳃可看到大量气泡，解剖病鱼，肠内、内脏都可以发现气泡。病情严重时可以发现血管内也有大量的气泡。

由于气泡可阻滞呼吸，在肌体可使局部组织坏死。

病鱼鳍条、体表有大小不等的气泡

图 7-7　气泡病病鱼

3. 流行情况

气泡病多发生在春末和夏初，鱼苗、鱼种和成鱼都能发生，特别对鱼苗的危害性较大，能引起鱼苗大批死亡。刚孵出的鱼苗也要预防发生气泡病。

鳊鱼和草鱼对气泡病的敏感度较高，鲢鱼、鳙鱼、罗非鱼、鲤鱼、鲫鱼等常见鱼类也容易患病。

4. 防治方法

（1）平时注意掌握控制好适宜的投饵量及施肥量，严禁用未经发酵的肥料施肥。

（2）因为气泡病的发生一般是由于浮游植物和其他绿色植物繁殖过量，光合作用强盛，引发水体的氧气和氮气过饱和，所以高温季节要控制浮游生物和藻类的数量，并保持水质新鲜，防止水中气体过饱和。

（3）鱼苗运输和养殖中不要进行急剧的充气，控制水体中的氧气不可超过 14 mg/L。如发现有气泡病，迅速换水或注入新水，可控制病情恶化，以便病情较轻的鱼能在清水中排出气泡，恢复正常。

（4）治疗可在水体表面均匀泼洒食盐水，使水体的盐度达到 3 mg/L。

五、蓝藻中毒

1. 病原

病原是蓝藻中的有关类群。

蓝藻是最简单、最原始的一种藻类，是单细胞原核生物，没有细胞核，但细胞中央含有核物质，通常呈颗粒状或网状，染色质和色素均匀地分布在细胞质中。蓝藻不具叶绿体、线粒体、高尔基体、中心体、内质网和液泡等细胞器，但是有核糖体。蓝藻中毒病主要病原藻类的危害如表 7-1 所示。

蓝藻的繁殖方式有营养性直接分裂生殖和孢子方式无性生殖。

表 7-1　蓝藻中毒病主要病原藻类的危害

主要病原藻类名称	分类地位	化学有毒物质	危害
微囊藻（铜绿微囊藻、水华微囊藻等）（图 7-8）	蓝藻门蓝藻纲色球藻目色球藻科微囊藻属	羟胺、硫化氢、微囊藻毒素、鱼腥藻毒 A、鱼腥藻毒 B、鱼腥藻毒 C 和鱼腥藻毒 D	①50 万个 /L 可使鱼中毒；100 万个 /L 可引起鱼类的大量死亡 ②在水面形成一层翠绿色的膜，阻碍气体交换，夜间因为微囊藻的呼吸作用导致水中氧气大量消耗和二氧化碳大量积累
鱼腥藻（图 7-9）	蓝藻门蓝藻纲念珠藻目念珠藻科鱼腥藻属		

2. 主要诊断症状

当微囊藻、鱼腥藻(图7-8和图7-9)等大量繁殖和死亡后,蛋白质分解产生羟胺、硫化氢等有毒物质,而且还有微囊藻毒素、鱼腥藻毒素等产生,所以由微囊藻引起的中毒一般发生在夏季及初秋。蓝藻大量繁殖时,在晚上产生过多的二氧化碳,消耗大量的氧气,水体极度缺氧。而且当蓝藻强烈进行光合作用时,pH值上升到10左右,此时可使鱼体硫胺酶活性增加,从而加速维生素B_1的迅速分解,使鱼缺乏维生素B_1,导致鱼中枢神经和末梢神经失灵,身体失去平衡或急剧活动,痉挛,再加上缺氧,以致造成鱼类的死亡。

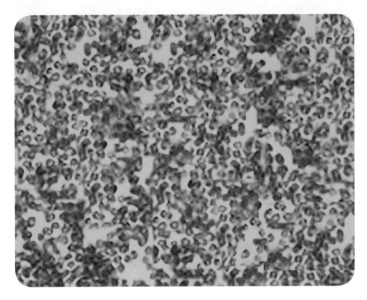

图7-8 微囊藻

图7-9 鱼腥藻

鱼类蓝藻中毒时水面成翠绿色的水体或薄层，水色铜绿色，这种现象被渔民称为"水华"、"湖靛"或"铜锈水"（图7-10）。

图7-10 蓝藻中毒的死鱼情况

3. 流行情况

由蓝藻引起的鱼类中毒重点发生在夏季及初秋。大量出现时，附近水体一般呈蓝色或绿色，蓝绿色湖靛被风吹到岸边堆积，严重时会发出恶臭味，许多含毒素的蓝藻细胞在水中漂游，被养殖鱼类捕食后随其排泄物沉淀，在鱼池池底富集，严重影响到鱼类的健康养殖。

4. 防治方法

（1）全水体泼洒沸石粉浓度达 15~20 mg/L，控制水域污染及富营养化。

（2）用硫酸铜全水体泼洒，使浓度达到 0.7 mg/L，能有效地杀灭微囊藻。

（3）抽出含有毒藻类富营养化的 40 cm 的表层旧水并大量换入新水。

（4）适当放养鲢、鳙鱼。虽然微囊藻和颤藻在鲢、鳙鱼体内得不到完全消化，但可以破坏藻类的存在形式，有助于对水华的控制。

（5）投放适量的以光合细菌、乳酸菌、酵母菌和放线菌为主的 EM 菌，改善水体营养物质循环，控制微囊藻的数量。

六、跑马病

1. 病因

缺乏鱼苗种的适口饵料。主要由于鱼苗下塘后，天气阴雨，水温偏低，池水清瘦，池水肥不起来，池中缺乏鱼苗的适口饵料，或者投饵不及时造成饵料缺乏。池塘漏水或其他原因，引起水质变瘦，均会造成鱼的苗种成群结队，围绕池边逛游，形似跑马场的"跑马"，故称"跑马病"。

2．主要诊断症状

跑马病主要发生在鱼苗至夏花培育阶段，常见于草鱼、青鱼等。鱼苗下塘后10多天是敏感期，鱼苗绕鱼池边成群狂游，长时期不停止，如跑马状（图7-11）。

由于鱼长时间狂游不停，最终可能因体力消耗殆尽，而引起大批死亡。

图7-11　跑马病病鱼成群沿池边狂游

3．流行情况

跑马病为鱼苗培育至夏花阶段常见疾病之一。主要发生在5~6月，多见于草、青鱼夏花，较大鱼种及鲢鱼、鳙鱼较为少见。但是也要注意养殖情况，一旦发现症状相似，鱼成群沿池边狂游，应及时用显微镜检查鱼体，如果证明不是有车轮虫等寄生虫引起的，就应该按照跑马病进行防治。

4．防治方法

（1）要杜绝鱼池漏水，及时堵塞漏洞，并且保证做好肥水和及时投饵等工作。

（2）苗种放养不能过密，尤其是草鱼、青鱼。放养10天左右时及时投喂豆浆等适口饵料。

（3）发现病情要采用栏板或网障在池边隔断鱼群游动的路线，并投喂豆渣、豆浆或蚕粪粉等鱼苗喜食饵料，制止鱼的群游现象。

（4）应急措施要立即将饲养池中的苗种分养到已经培养出大量浮游动物的养殖水体中饲养。

七、弯体病

1. 病因

主要由于重金属盐类中毒或缺乏某种营养物质。

重金属对鱼类的毒性，最大为汞，依次为铜、锌、镉、铅、镍、铁、钴、锰等。例如汞对神经有很大的刺激性和破坏作用，会导致肌肉收缩；镉会引起骨质疏松、脱钙、骨骼变形。

缺乏某种营养物质也会引起鱼的畸形生长。例如，缺乏色氨酸鱼会长成S形（图7-12）；缺乏维生素C，会引起鱼脊柱弯曲；缺乏钙、磷、锰、镁、铜、锌等，会出现脊柱畸形。

图7-12　患弯体病的病鱼鱼体呈"S"形弯曲

2. 主要诊断症状

缺少钙和维生素等引起的鱼体畸形病，病鱼身体可发生"S"形弯曲，有时只尾部弯曲，鳃盖凹陷或嘴部上下颌和鳍条等都可能出现畸形，有的病鱼身体有两三个弯曲，严重时引起病鱼生存障碍或死亡。

患弯体病的病鱼会出现游泳不正常的情况，有时上下往返，有时平卧水面急速游动，有时甚至头朝下，尾朝上，在水面旋转，形成病鱼的生活障碍，所以必须重视预防此病的发生。

3. 流行情况

新开的鱼池，由于土壤中的重金属盐类溶解在水中，或由于鱼缺乏钙质使鱼产生弯体病。特别是鱼种患弯体病的较多，所以新开鱼池先养1~2年成鱼，以后再养鱼苗、鱼种会极大的避免发生此病。

养鱼较久的老鱼池，土壤中的重金属盐类大多溶解完了，一般不易发生此病，但是也要避免工业污染源和生活污染源对环境的新危害而导致的鱼类弯体病。

4．防治方法

（1）新开鱼池先养 1~2 年成鱼，以后再养鱼苗鱼种。

（2）鱼池经常注入新水，改良水质。发病时期要经常换水，同时投喂营养丰富的饲料。

（3）加强饲养管理，多投喂含钙多、添加剂丰富合理的饲料，可减少此病的发生。

八、萎瘪病

1．病因

缺乏食物而引起。

多因放养过密、放养比例不当或投饵不足，造成部分鱼苗或鱼种长期缺乏饵料、营养严重不足而发生此病。

2．主要诊断症状

患病鱼初期多沿池边显示无力缓游，在天气晴朗的中午，常静止地浮于水面晒太阳，受惊时下沉也比较缓慢。患病后期体色发黑、枯瘦，头大体小，背肌薄如刀刃，身体两侧的肋骨似乎都清楚可数（图 7-13），鳃丝明显苍白，严重贫血，这时鱼已无力摄食。重病鱼不久可能萎瘪致死。

对于呈现萎瘪病症的鱼，取鳃和内脏镜检，如果不是由于寄生虫和其他原因所致，可确诊为萎瘪病。

3．流行情况

萎瘪病的发生是由于放养过密、缺乏饲料，鱼长期挨饿造成，所以高密度养殖

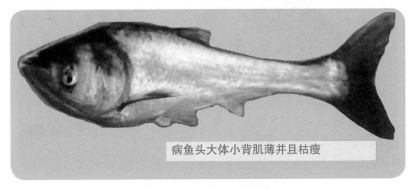

病鱼头大体小背肌薄并且枯瘦

图 7-13　患萎瘪病的病鱼

池塘可能发生此病。

该病也主要发生在越冬的鱼种池，而且是在鱼种培育阶段的后期，以越冬池中的鳙鱼鱼种较为常见。

4. 防治方法

（1）掌握鱼种的放养密度和搭配比例。加强投喂管理，冬季尽量缩短停食时间，只要水温上升到10℃，便继续投喂，一般以投喂精饲料为主，每100 kg鱼日投喂3~5 kg饵料。

（2）投喂饵料要严格做到"四定"，使鱼种有充足的饵料和摄食机会。

（3）做好鱼种越冬前的培育工作，可在饲料中添加一些营养保健剂，如水产专用维生素C，可以增强鱼体免疫力，增加摄食强度。使鱼种身体强壮好越冬，有效预防疾病发生。

（4）发现病鱼的鱼池，要多投喂一些适口的精饵料，在发病早期可使鱼体逐渐恢复健康。

九、眼病

1. 病因

眼病一般是由于水质不良有致病菌或外伤导致。

2. 主要诊断症状

病鱼的眼睛被白色物质包住或出现其他症状，例如重病鱼可能出现鱼眼水晶体混浊，鱼的眼球突出和出血，当被寄生虫侵入，甚至出现瞎眼等（图7-14）。

病鱼眼水晶体明显混浊

图7-14 患眼病的病鱼

3. 流行情况

水质不好就可能发生此病，所以一定要保持良好水质，避免此病的流行。另外运输、放养等操作时一定要避免鱼受到外伤，特别要注意放养消毒和水质消毒预防此病。

4. 防治方法

（1）保持水质良好，定期进行水体消毒并保持合适水体充氧。

（2）预防可用 1%~2% 食盐水浸浴鱼体 5~10 min 杀菌消毒。

（3）治疗可把温度提高到 30℃ 左右并加 3% 的食盐水浸浴病鱼，浸浴 10~30 min 换水，坚持每天治疗，痊愈为止。

十、浮头

1. 病原

为外源性原因造成，主要是水体缺氧引起。

水体缺氧有时是因鱼类养殖密度太高，有时是雨天造成上下水层剧烈对流而形成。暴雨温度低下会使上层溶氧较高的水迅速流到下层，下层水中的有机物消耗大量溶氧，使水体溶氧量迅速下降，造成鱼缺氧浮头。水质过肥或败坏更容易引起鱼缺氧浮头。

另外，水体中的各类植物光合作用不强，水中溶氧供不应求，再加上浮游动物大量繁殖，使水体已有的氧气不能满足耗氧需求，引起鱼类浮头。

2. 主要诊断症状

鱼浮头症状是鱼到水面呼吸，嘴一张一合，直接从空气中吸取氧气，甚至呈现吞咽空气的状态（图 7-15）。

浮头如果发生在已经天亮但太阳还没出来的时候，鱼在池塘的中央和上风头的水面上活动，可以看到活动溅动的水花。浮头的鱼群，受惊后迅速下沉。池塘水体此时的溶氧量在 2~3 mg/L，虽然溶氧量不高，属正常轻度浮头。

浮头开始时间在午夜前后，受惊吓后也不下沉。这时池塘水体的溶氧量可能只有 1~1.5 mg/L，已经是严重性浮头。

3. 流行情况

高密度养殖池或连续阴雨天气容易发生鱼浮头病症。特别是养殖水体经常起蓝藻，用硫酸铜杀过毒或用尿素等肥过水的池塘更容易发生鱼浮头病。

鱼浮头存在着极大的养殖隐患，凡是影响水体缺氧的问题都应该认真解决，避

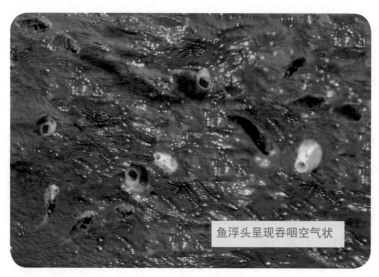

鱼浮头呈现吞咽空气状

图 7-15 鱼浮头

免鱼浮头以致造成死鱼。

4. 防治方法

（1）要保证水体有足够的溶氧，必要时加大增氧机功率，同时加入新水。

（2）每隔 15 天，每亩用 15~20 kg 生石灰兑水后全池泼洒，改善水质。

（3）减小池塘中鱼的养殖密度。

（4）如果池塘水质过肥，浮游生物繁殖过多，可用药物杀死一部分或部分换水，减少水中溶氧消耗。

（5）鱼类浮头时间多从半夜或前半夜开始，黎明前后是浮头明显集中时刻，所以应经常提前开动增氧机增氧，预防鱼类浮头的发生。

十一、泛池

1. 病因

鱼泛池又称"翻塘"，是夏秋季节塘鱼大批死亡的重灾害。其主要原因是水中缺氧。

药物中毒、蓝藻中毒与氨氮中毒等虽然有时也大批死鱼，但是和缺氧引起的鱼泛池有明显的区别，需要正确诊断，对症处置。

泛池鱼类先表现为分散的全池浮头，然后慢慢地肚皮往上翻，又挣扎着保持平衡，如此反复直至陆续死亡。

泛池死鱼多发生在夏季高温季节，连续多天低气压的闷热天气或连绵的雨天最容易发生，并且多发生在半夜到清晨这段时间里。水质越肥，养殖密度越大，越容易发生泛池。

泛池以鲢鱼、鳙鱼、草鱼、鳊鱼最易受害，鲤鱼、鲫鱼、罗非鱼等则次之。

2. 主要诊断症状

泛池前鱼类表现为全池严重浮头，嘴一张一合，直接从空气中吸取氧气，泛池开始时在池塘的浅水处浮头的鲢鱼、鳙鱼、草鱼慢慢地肚皮往上翻，初时还挣扎着保持平衡，如此反复几次就开始出现肚皮朝上死亡的鱼（图7-16）。

鱼泛池时可能水质已变坏，如果闻到池塘发出的腥臭味，或者发现鱼浮头、呼吸急促、游动无力，池中死鱼数量逐渐增多就要按照将出现鱼泛池处置，采取急救措施避免发生鱼的全池死亡。

图7-16　鱼泛池

3. 流行情况

盛夏初秋季节，如果出现两天以上的阴雨天气或雷阵雨，光照不足削弱了水生植物的光合作用，水体浮游生物多，底泥腐殖质多，水质肥而又没有新水补充，再加上闷热异常使气压骤降，放养密度大，池塘很容易出现泛池现象。

鱼泛池是养殖实践中重点预防的病害，必须提前做好一切防范工作，避免死鱼造成较大的经济损失。

4. 防治方法

（1）开动增氧机增氧，同时注入清水，并注意不使池底沉渣泛起。

（2）每隔15天，每亩用15~20 kg生石灰兑水后全池泼洒，控制腐殖质数量，改善水质。

（3）减小池塘中鱼的养殖密度。

（4）出现鱼泛池征兆立即按照说明书洒入增氧药剂，一般可在 30 min 内得到缓解。

（5）一旦初期形成泛池，除了立即采取各种措施进行增氧补救外，还要打捞浮在水面上的鱼，用网具捕捞沉入水中的死鱼，否则水体会因有死鱼腐烂进一步变坏，影响剩余的塘内活鱼。

第八章　渔　药

第一节　渔药的作用与使用

渔药是渔业方面为确保水产动植物机体健康成长专门使用的药物。

渔用药物有预防疾病、治疗疾病、消灭敌害、改善养殖环境、增进机体健康的功效，鉴于我国生态农业的要求，渔药必须考虑其安全性、蓄积性和对环境的污染性。

渔药按类别可分为化学药物、中药、生物制剂等，按功能有环境改良剂、消毒剂、杀虫驱虫药、消炎杀菌药等。

渔药的使用遵照的国家标准是 NY 5071—2002《无公害食品　渔用药物使用准则》。这一标准包含了各类渔药的名称，用途、用法用量、使用的休药期以及注意事项，是无公害养殖必须执行的文件。

要注意药物之间的拮抗与协同作用，发生拮抗作用的药物不能混合使用。要注意水产养殖品种对药物敏感的问题，长期单一使用一种药物，病原体对药物会产生抗药性，因此，在实际使用中，应交替使用同效的不同药物。用药剂量根据鱼的年龄、大小、病情轻重、水体温度具体确定。一般来说，水温高要减少用药量，室外水体用药时，避免中午太阳光强烈时用药。也要注意具体渔药的使用方法。

（1）漂白粉和强氯精在碱性水体和肥水水体杀菌效果较差，在酸性水体下作用较强。

（2）硫酸铜在水温 16~30℃ 条件下，水温每升高 10℃，其毒性提高约 2 倍。

（3）土霉素常与四环素类药物配伍使用，尽量不与维生素 B 类配伍服用，避免加重消化道负担。

（4）磺胺类药物不宜与维生素 C 合用，维生素 C 属酸性物质，而磺胺类药及其代谢产物在酸性环境中易形成磺胺结晶盐。

（5）磺胺类药物效价比为磺胺间甲氧嘧啶＞磺胺甲基嘧啶＞磺胺嘧啶。

（6）五倍子、大黄不能与四环素类药物混合使用，因为易生成鞣酸盐沉淀，不容易被吸收，导致药物的生物利用度降低。

用药方法参考表 8-1。

表 8-1　用药方法简表

方法	操作	适用对象	注意事项
浸洗法	浸洗时间长短，主要根据水温高低或鱼体耐药程度而定	杀灭鱼体或鳃上病原体或寄生虫	浸洗的药物应现用现配，在药物安全的范围内，浸洗时间越长，效果越明显。要注意观察浸洗效果
遍洒法	根据水族箱或鱼池的面积和水深计算水体体积后再计算用药量，溶药后均匀泼洒到水体中	治疗寄生虫性鱼病或传染性疾病。杀灭鱼体上和水体中的寄生虫和病原体	有些药物水温高时要适当减少用药量。用药后按要求处置水体。施药后如发现鱼有不良反应，要立即换入新水
内服法	按照剂量计算好体重和药饵之比，药物加拌在饲料中投喂	防治体内寄生虫、炎症或消化道疾病等	制造药饵用药量要精确。严格按照内服疗程要求操作
注射法	通常采用腹腔、胸腔或肌肉注射	主要治疗一些细菌性疾病和传染性疾病	对于体形比较大的观赏鱼或比较名贵的观赏鱼适用

第二节　　水产主要禁用药物的毒性

严禁使用高毒、高残留或具有致癌、致畸、致突变作用的渔药，主要禁用渔药的毒性如表 8-2 所示。严禁使用对水环境有严重破坏而又难以进行环境修复的渔药。

表 8-2　主要禁用渔药的毒性

序号	名称	禁用原因
1	氯霉素	对人类的造血系统毒性较大，抑制骨髓造血功能，造成过敏反应，引起再生障碍性贫血，此外该药还可引起肠道菌群失调及抑制抗体的形成，对人还可引起不可逆的耳聋
2	孔雀石绿	具致癌、致畸、致突变作用
3	呋喃唑酮	呋喃唑酮残留会对人类造成潜在危害，可引起溶血性贫血、多发性神经炎、眼部损害和急性肝坏死等疾病
4	地虫硫磷	有机磷高毒农药，在环境存留时间较长
5	六六六	高残留农药，对环境残留污染严重
6	滴滴涕	高残毒，化学性质非常稳定，不易在环境中分解，对人的神经等系统有害

续表

序号	名称	禁用原因
7	磺胺脒（磺胺胍）	毒性较大
8	甘汞、硝酸亚汞、醋酸汞	汞对人体有较大的毒性，极易产生富集性中毒，出现肾损害
9	锥虫胂胺	胂有剧毒，其制剂不仅可在生物体内富集，还可对水域环境造成污染
10	五氯酚钠	会造成中枢神经系统及肝、肾等器官的损害
11	杀虫脒	高毒药物对人有潜在的致癌危险，对人有直接的麻醉作用和对心血管的抑制作用，导致复杂的病情
12	双甲脒	毒性高，其中间代谢产物对人有致癌作用，还可通过食物链传递，造成潜在的致癌危险
13	林丹、毒杀芬	有机氯杀虫剂，降解慢，残留期长，有生物富集作用，有致癌性，对人体功能性器官有损害
14	己烯雌酚	可引起正常人的生理功能发生紊乱，损害肝脏和肾脏，引起子宫内膜过度增生，导致胎儿畸形
15	甲基睾丸酮	影响肝脏功能，有女胎男性化和畸胎发生，容易引起新生儿溶血及黄疸

第三节　主要禁用药物的替代药品及规范使用

表8-3中所示禁用药物有违规使用的现象，也是水产品药物抽检的重点对象。为了杜绝使用禁用药物，有必要采用安全的替代药品对鱼病进行有效防治。

表8-3　主要禁用药物的替代药品及规范使用

序号	禁用药品名称	替代药物名称	主要防治疾病	替代药物的规范使用
1	孔雀石绿	亚甲基蓝	防治水霉病	全水体泼洒亚甲基蓝，浓度达到2~3 mg/L
		食盐	防治水霉病、杀菌消毒	可用1%~3%食盐水浸洗5~20 min
2	氯霉素	磺胺嘧啶	治疗大多数革兰氏阳性菌和阴性菌引起的疾病	使用时添加到饵料中投喂，用量100 mg/kg体重，连用5天。与甲氧苄氨嘧啶合用，可产生增效作用
		土霉素等	治疗肠炎病等	拌饵投喂，用量按照50~80 mg/kg体重计算，疗程一般4~6天
		大蒜素粉（含大蒜素10%）	治疗肠炎病等	添加到饵料中投喂，用量0.2 g/kg体重，连用4~6天

续表

序号	禁用药品名称	替代药物名称	主要防治疾病	替代药物的规范使用
3	呋喃唑酮	二氧化氯等氯制剂	防治烂鳍病、烂鳃病、出血病等	对病鱼浸浴时，所用浓度为 20~40 mg/L，浸浴时间 5~10 min。当全水体泼洒时，浓度 0.1~0.2 mg/L。严重时用量 0.3~0.6 mg/L
		三氯异氰尿酸	防治细菌性皮肤溃疡病、烂鳃病、出血病	全池泼洒，浓度 0.2~0.5 mg/L
4	硝酸亚汞、醋酸亚汞	福尔马林（甲醛）	治疗小瓜虫病等	全水体泼洒，浓度 15~25 mg/L，隔天 1 次，连用 2~3 次
		亚甲基蓝	治疗小瓜虫病等	全水体泼洒，浓度 2 mg/L，连用 2~3 次

附　录

附录 1　NY 5071—2002 无公害食品　渔用药物使用准则

1　范围

本标准规定了渔用药物使用的基本原则、渔用药物的使用方法以及禁用渔药。

本标准适用于水产增养殖中的健康管理及病害控制过程中的渔药使用。

2　规范性引用文件

下列文件中的条款通过本标准的引用而成为本标准的条款。凡是注日期的引用文件，其随后所有的修改单（不包括勘误的内容）或修订版均不适用于本标准，然而，鼓励根据本标准达成协议的各方研究是否可使用这些文件的最新版本。凡是不注日期的引用文件，其最新版本适用于本标准。

NY 5070　无公害食品　水产品中渔药残留限量

NY 5072　无公害食品　渔用配合饲料安全限量

3　术语和定义

下列术语和定义适用于本标准。

3.1　渔用药物 fishery drugs

用以预防、控制和治疗水产动植物的病、虫、害，促进养殖品种健康生长，增强机体抗病能力以及改善养殖水体质量的一切物质，简称"渔药"。

3.2　生物源渔药 biogenic fishery medicines

直接利用生物活体或生物代谢过程中产生的具有生物活性的物质或从生物体提取的物质作为防治水产动物病害的渔药。

3.3　渔用生物制品 fishery biopreparate

应用天然或人工改造的微生物、寄生虫、生物毒素或生物组织及其代谢产物为原材料，采用生物学、分子生物学或生物化学等相关技术制成的、用于预防、诊断和治疗水产动物传染病和其他有关疾病的生物制剂。它的效价或安全性应采用生物学方法检定并有严格的可靠性。

3.4 休药期 withdrawal time

最后停止给药日至水产品作为食品上市出售的最短时间。

4 渔用药物使用基本原则

4.1 渔用药物的使用应以不危害人类健康和不破坏水域生态环境为基本原则。

4.2 水生动植物增养殖过程中对病虫害的防治，坚持"以防为主，防治结合"。

4.3 渔药的使用应严格遵循国家和有关部门的有关规定，严禁生产、销售和使用未经取得生产许可证、批准文号与没有生产执行标准的渔药。

4.4 积极鼓励研制、生产和使用"三效"（高效、速效、长效）、"三小"（毒性小、副作用小、用量小）的渔药，提倡使用水产专用渔药、生物源渔药和渔用生物制品。

4.5 病害发生时应对症用药，防止滥用渔药与盲目增大用药量或增加用药次数、延长用药时间。

4.6 食用鱼上市前，应有相应的休药期。休药期的长短，应确保上市水产品的药物残留限量符合 NY 5070 要求。

4.7 水产饲料中药物的添加应符合 NY 5072 要求，不得选用国家规定禁止使用的药物或添加剂，也不得在饲料中长期添加抗菌药物。

5 渔用药物使用方法

各类渔用药物的使用方法见表1。

表 1 渔用药物使用方法

渔药名称	用途	用法与用量	休药期 /d	注意事项
氧化钙（生石灰）calcii oxydum	用于改善池塘环境，清除敌害生物及预防部分细菌性鱼病	带水清塘：200~250 mg/L（虾类：350~400 mg/L）全池泼洒：20~25 mg/L（虾类：15~30 mg/L）		不能与漂白粉、有机氯、重金属盐、有机络合物混用
漂白粉 bleaching powder	用于清塘、改善池塘环境及防治细菌性皮肤病、烂鳃病、出血病	带水清塘：200 mg/L 全池泼洒：1.0~1.5 mg/L	≥ 5	1.勿用金属容器盛装。2.勿用酸、铵盐、生石灰混用
二氯异氰尿酸钠 sodium dichloroisocyanurate	用于清塘及防治细菌性皮肤溃疡病、烂鳃病、出血病	全池泼洒：0.3~0.6 mg/L	≥ 10	勿用金属容器盛装
三氯异氰尿酸 trichloroisocyanuric acid	用于清塘及防治细菌性皮肤溃疡病、烂鳃病、出血病	全池泼洒：0.2~0.5 mg/L	≥ 10	1.勿用金属容器盛装。2.针对不同的鱼类和水体的 pH，使用量应适当增减

续表

渔药名称	用途	用法与用量	休药期 /d	注意事项
二氧化氯 chlorine 天 ioxide	用于防治细菌性皮肤病、烂鳃病、出血病	浸浴：20~40 mg/L，5~10 min 全池泼洒：0.1~0.2 mg/L，严重时 0.3~0.6 mg/L	≥ 10	1. 勿用金属容器盛装。 2. 勿与其他消毒剂混用
二溴海因 Dibromodimethyi hydantoin	用于防治细菌性和病毒性疾病	全池泼洒：0.2~0.3 mg/L		
氯化钠（食盐）sodium chioride	用于防治细菌、真菌或寄生虫疾病	浸浴 1%~3%，5~20 min		
硫酸铜（蓝矾、胆矾、石胆）copper sulfate	用于治疗纤毛虫、鞭毛虫等寄生性原虫病	浸浴：8 mg/L（海水鱼类：8~10 mg/L），15~30min 全池泼洒：0.5~0.7 mg/L（海水鱼类：0.7~1.0mg/L）		1. 常与硫酸亚铁合用。 2. 广东鲂慎用。 3. 勿用金属容器盛装。 4. 使用后注意池塘增氧。 5. 不宜用于治疗小瓜虫病
硫酸亚铁（硫酸低铁、绿矾、青矾）ferrous sulphate	用于治疗纤毛虫、鞭毛虫等寄生性原虫病	全池泼洒：0.2 mg/L（与硫酸铜合用）		1. 治疗寄生性原虫病时需与硫酸铜合用。 2. 乌鳢慎用。
高锰酸钾（锰酸钾、灰锰氧、锰强灰）potassium permanganate	用于杀灭锚头鳋	浸浴：10~20 mg/L，15~30 min 全池泼洒：4~7 mg/L		1. 水中有机物含量高时药效降低。 2. 不宜在强烈阳光下使用。
四烷基季铵盐络合碘（季铵盐含量为50%）	对病毒、细菌、纤毛虫、藻类有杀灭作用	全池泼洒：0.3 mg/L（虾类相同）		1. 勿与碱性物质同时使用。 2. 勿与阴性离子表面活性剂使混用。 3. 使用后注意池塘增氧。 4. 勿用金属容器盛装
大蒜 crown's treacle,garlic	用于防治细菌性肠炎	拌饵投喂：10~30 g/kg 体重，连用 4~6 d（海水鱼类相同）		
大蒜素粉（含大蒜素10%）	用于防治细菌性肠炎	0.2 g/kg 体重，连用 4~6 天（海水鱼类相同）		
大黄 medicinal rhubarb	用于防治细菌性肠炎	全池泼洒：2.5~4.0 mg/L（海水鱼类相同）拌饵投喂：5~10 g/kg 体重，连用 4~ 6 d（海水鱼类相同）		投喂时常与黄芩、黄柏合用（三者比例为 2：5：3）
黄芩 raikai skullcap	用于防治细菌性肠炎、烂鳃、赤皮、出血病	拌饵投喂：2~4 g/kg 体重，连用 4~6 d（海水鱼类相同）		投喂时需与大黄、黄柏合用（三者比例为 3：5：3）
黄柏 amur corktree	用于防治细菌性肠炎、出血	拌饵投喂：3~6 g/kg 体重，连用 4~6 d（海水鱼类相同）		投喂时需与大黄、黄芩合用（三者比例为 3：5：2）

续表

渔药名称	用途	用法与用量	休药期 /d	注意事项
五倍子 chinese sumac	用于防治细菌性烂鳃、赤皮、白皮、疖疮	全池泼洒：2~4 mg/L（海水鱼类相同）		
穿心莲 common andrographis	用于防治细菌性肠炎、烂鳃、赤皮	全池泼洒：15~20 mg/L 拌饵投喂：10~20 g/kg 体重，连用 4~6 d		
苦参 lightyellow sophora	用于防治细菌性肠炎，竖鳞	全池泼洒：1.0~1.5 mg/L 拌饵投喂：1~2 g/kg 体重，连用 4~6 d		
土霉素 oxytetracycline	用于治疗肠炎病、弧菌病	拌饵投喂：50~80 mg/kg 体重，连用 4~6 d（海水鱼类相同，虾类：50~80 mg/kg 体重，连用 5~10 d）	≥ 30（鳗鲡）≥ 21（鲶鱼）	勿与铝、镁离子及卤素、碳酸氢钠、凝胶合用
噁喹酸 oxolinic acid	用于治疗细菌性肠炎病、赤鳍病，香鱼、对虾弧菌病，鲈鱼结节病，鲱鱼疖疮病	拌饵投喂：10~30 mg/kg 体重，连用 5~7 d（海水鱼类：1~ 20 mg/kg 体重；对虾：6~60 mg/kg 体重，连用 5 d）	≥ 25（鳗鲡）≥ 21（鲤鱼、香鱼）≥ 16（其他鱼类）	用药量视不同的疾病有所增减
磺胺嘧啶（磺胺哒嗪） sulfadiazine	用于治疗鲤科鱼类的赤皮病、肠炎病，海水鱼链球菌病	拌饵投喂：100 mg/kg 体重，连用 5 d（海水鱼类相同）		1. 与甲氧苄氨嘧啶（TMP）同用，可产生增效作用。 2. 第一天药量加倍
磺胺甲噁唑（新诺明、新明磺） sulfamethoxazole	用于治疗鲤科鱼类的肠炎病	拌饵投喂：100 mg/kg 体重，连用 5~7 d	≥ 30	1. 不能与酸性药物同用。 2. 与甲氧苄氨嘧啶（TMP）同用，可产生增效作用。 3. 第一天药量加倍
磺胺间甲氧嘧啶（制菌磺、磺胺 -6- 甲氧嘧啶） sulfamonomethoxine	用于治疗鲤科鱼类的竖鳞病、赤皮病及弧菌病	拌饵投喂：50~100 mg/kg 体重，连用 4~6 d	≥ 37（鳗鲡）	1. 与甲氧苄氨嘧啶（TMP）同用，可产生增效作用。 2. 第一天药量加倍
氟苯尼考 florfenicol	用于治疗鳗鲡爱德华氏病、赤鳍病	拌饵投喂：10.0 mg/d。kg 体重，连用 4~6 d	≥ 7（鳗鲡）	
聚维酮碘（聚乙烯吡咯烷酮碘、皮维碘、PVP-1. 伏碘）（有效碘 1.0%） povidone–iodine	用于防治细菌性烂鳃病、弧菌病、鳗鲡红头病。并可用于预防病毒病：如草鱼出血病、传染性胰腺坏死病、传染性造血组织坏死病、病毒性出血败血症	全池泼洒：海、淡水幼鱼、幼虾：0.2~0.5 mg/L 海、淡水成鱼、成虾：1~2 mg/L 鳗鲡：2~4 mg/L 浸浴：草鱼种：30 mg/L,15~20 min 鱼卵：30~50 mg/L（海水鱼卵：25~30 mg/L），5~15 min		1. 勿与金属物品接触。 2. 勿与季铵盐类消毒剂直接混合使用

注 1：用法与用量栏未标明海水鱼类与虾类的均适用于淡水鱼类。

注 2：休药期为强制性。

6　禁用渔药

严禁使用高毒、高残留或具有三致毒性（致癌、致畸、致突变）的渔药。严禁使用对水域环境有严重破坏而又难以修复的渔药，严禁直接向养殖水域泼洒抗菌素，严禁将新近开发的人用新药作为渔药的主要或次要成分。禁用渔药见表2。

表2　禁用渔药

药物名称	化学名称（组成）	别名
地虫硫磷 fonofos	O-2基-S苯基二硫代磷酸乙酯	大风雷
六六六 BHC（HCH）benzem, bexachloridge	1，2，3，4，5，6-六氯环己烷	
林丹 lindane,gammaxare, gamma-BHC gamma-HCH	γ-1，2，3，4，5，6-六氯环己烷	丙体六六六
毒杀芬 camphechlor（ISO）	八氯莰烯	氯化莰烯
滴滴涕 DDT	2，2-双（对氯苯基）-1，1，1-三氯乙烷	
甘汞 calomel	二氯化汞	
硝酸亚汞 mercurous nitrate	硝酸亚汞	
醋酸汞 mercuric acetate	醋酸汞	
呋喃丹 carbofuran	2，3-二氢-2，2-二甲基-7-苯并呋喃基-甲基氨基甲酸酯	克百威、大扶农
杀虫脒 chlordimeform	N-（2-甲基-4-氯苯基)N′，N′-二甲基甲脒盐酸盐	克死螨
双甲脒 anitraz	1，5-双-（2，4-二甲基苯基)-3-甲基-1，3，5-三氮戊二烯-1，4	二甲苯胺脒
氟氯氰菊酯 cyfluthrin	α-氰基-3-苯氧基-4-氟苄基（1R，3R）-3-（2，2-二氯乙烯基)-2，2-二甲基环丙烷羧酸酯	百树菊酯、百树得
氟氰戊菊酯 flucythrinate	（R，S）-α-氰基-3-苯氧苄基（R，S）-2-（4-二氟甲氧基)-3-甲基丁酸酯	保好江乌氟氰菊酯
五氯酚钠 PCP-Na	五氯酚钠	
孔雀石绿 malachite green	$C_{23}H_{25}CIN_2$	碱性绿、盐基块绿、孔雀绿
锥虫胂胺 tryparsamide		
酒石酸锑钾 antimonyl potassium tartrate	酒石酸锑钾	
磺胺噻唑 sulfathiazolum ST, norsultazo	2-（对氨基苯磺酰胺）-噻唑	消治龙

续表

药物名称	化学名称（组成）	别名
磺胺脒 sulfaguanidine	N1- 脒基磺胺	磺胺胍
呋喃西林 furacillinum ,nitrofurazone	5- 硝基呋喃醛缩氨基脲	呋喃新
呋喃唑酮 furazolidonum,nifulidone	3-（5- 硝基糠叉胺基）-2- 噁唑烷酮	痢特灵
呋喃那斯 furanace,nifurpirinol	6- 羟甲基 -2-［-（5- 硝基 -2- 呋喃基乙烯基）］吡啶	P-7138（实验名）
氯霉素 （包括其盐、酯及制剂） chloramphennicol	由季内瑞拉链霉素产生或合成法制成	
红霉素 erythromycin	属微生物合成，是 *Streptomyces eyythreus* 产生的抗生素	
杆菌肽锌 zinc bacitracin premin	由枯草杆菌 *Bacillus subtilis* 或 *B.leicheniformis* 所产生的抗生素，为一含有噻唑环的多肽化合物	枯草菌肽
泰乐菌素 tylosin	*S.fradiae* 所产生的抗生素	
环丙沙星 ciprofloxacin（CIPRO）	为合成的第三代喹诺酮类抗菌药，常用盐酸盐水合物	环丙氟哌酸
阿伏帕星 avoparcin		阿伏霉素
喹乙醇 olaquindox	喹乙醇	喹酰胺醇羟乙喹氧
速达肥 fenbendazole	5- 苯硫基 -2- 苯并咪唑	苯硫哒唑氨甲基甲酯
己烯雌酚 （包括雌二醇等其他类似合成等雌性激素） diethylstilbestrol,stilbestrol	人工合成的非甾体雌激素	乙烯雌酚，人造求偶素
甲基睾丸酮 （包括丙酸睾丸素、去氢甲睾酮以及同化物等雄性激素） methyltestosterone, metandren	睾丸素 C_{17} 的甲基衍生物	甲睾酮甲基睾酮

附录 2　食品动物禁用的兽药及其他化合物清单

序号	兽药及其他化合物名称	禁止用途	禁用动物
1	β–兴奋剂类：克仑特罗 Clenbuterol、沙丁胺醇 Salbutamol、西马特罗 Cimaterol 及其盐、酯及制剂	所有用途	所有食品动物
2	性激素类：己烯雌酚 Diethylstilbestrol 及其盐、酯及制剂	所有用途	所有食品动物
3	具有雌激素样作用的物质：玉米赤霉醇 Zeranol、去甲雄三烯醇酮 Trenbolone、醋酸甲孕酮 Mengestrol，Acetate 及制剂	所有用途	所有食品动物
4	氯霉素 Chloramphenicol、及其盐、酯（包括：琥珀氯霉素 Chloramphenicol Succinate）及制剂	所有用途	所有食品动物
5	氨苯砜 Dapsone 及制剂	所有用途	所有食品动物
6	硝基呋喃类：呋喃唑酮 Furazolidone、呋喃它酮 Furaltadone、呋喃苯烯酸钠 Nifurstyrenate sodium 及制剂	所有用途	所有食品动物
7	硝基化合物：硝基酚钠 Sodium nitrophenolate、硝呋烯腙 Nitrovin 及制剂	所有用途	所有食品动物
8	催眠、镇静类：安眠酮 Methaqualone 及制剂	所有用途	所有食品动物
9	林丹（丙体六六六）Lindane	杀虫剂	水生食品动物
10	毒杀芬（氯化烯）Camahechlor	杀虫剂、清塘剂	水生食品动物
11	呋喃丹（克百威）Carbofuran	杀虫剂	水生食品动物
12	杀虫脒（克死螨）Chlordimeform	杀虫剂	水生食品动物
13	双甲脒 Amitraz	杀虫剂	水生食品动物
14	酒石酸锑钾 Antimonypotassiumtartrate	杀虫剂	水生食品动物
15	锥虫胂胺 Tryparsamide	杀虫剂	水生食品动物
16	孔雀石绿 Malachitegreen	抗菌、杀虫剂	水生食品动物
17	五氯酚酸钠 Pentachlorophenolsodium	杀螺剂	水生食品动物

续表

序号	兽药及其他化合物名称	禁止用途	禁用动物
18	各种汞制剂包括：氯化亚汞（甘汞）Calomel, 硝酸亚汞 Mercurous nitrate、醋酸汞 Mercurous acetate、吡啶基醋酸汞 Pyridyl mercurous acetate	杀虫剂	所有食品动物
19	性激素类：甲基睾丸酮 Methyltestosterone、丙酸睾酮 Testosterone Propionate、苯丙酸诺龙 Nandrolone Phenylpropionate、苯甲酸雌二醇 Estradiol Benzoate 及其盐、酯及制剂	促生长	所有食品动物
20	催眠、镇静类：氯丙嗪 Chlorpromazine、地西泮（安定）天 iazepam 及其盐、酯及制剂	促生长	所有食品动物
21	硝基咪唑类：甲硝唑 Metronidazole、地美硝唑 Dimetronidazole 及其盐、酯及制剂	促生长	所有食品动物

注：食品动物是指各种供人食用或其产品供人食用的动物。